强磁场下锰、铁基荧光材料的磁光谱性质

张 坤 著

黄河水利出版社

·郑州·

图书在版编目(CIP)数据

强磁场下锰、铁基荧光材料的磁光谱性质 / 张坤著.
郑州：黄河水利出版社，2024.6.-- ISBN 978-7-5509-
3912-7

Ⅰ.TQ617.3

中国国家版本馆 CIP 数据核字第 2024N0T018 号

组稿编辑：王志宽　电话：0371-66024331　E-mail：278773941@qq.com

| 责任编辑 | 赵红菲 | 责任校对 | 岳晓娟 |
| 封面设计 | 李思璇 | 责任监制 | 常红昕 |

出版发行　黄河水利出版社
　　　　　地址：河南省郑州市顺河路 49 号　邮政编码：450003
　　　　　网址：www.yrcp.com　E-mail：hhslcbs@126.com
　　　　　发行部电话：0371-66020550
承印单位　河南新华印刷集团有限公司
开　　本　787 mm×1 092 mm　1/16
印　　张　6.75
字　　数　160 千字
版次印次　2024 年 6 月第 1 版　　2024 年 6 月第 1 次印刷
定　　价　65.00 元

前　言

在材料科学的浩瀚宇宙中,3d 过渡金属化合物以其独特的电子构象——未成对的 3d 电子,成为连接磁学与光学的桥梁。这些电子不仅赋予了它们强大的磁性,更因 3d 轨道能级间能量差巧妙落入可见光区域,激发了丰富的光吸收与发射现象,使得这些化合物拥有了磁光双重属性的宝贵特质。这一特性,如同星辰般璀璨,照亮了数据存储、自旋电子学及传感技术等前沿领域的发展道路,为科技创新注入了不竭的动力。

为了深入探索这一领域的奥秘,我们踏上了低温和强磁场这一极端条件的研究之旅。在接近绝对零度的低温环境中,热扰动的枷锁被打破,电-声子相互作用的喧嚣归于沉寂,磁性相互作用得以纯粹展现,成为调控光学跃迁的主宰。而外加强磁场的介入,更是如同指挥家的指挥棒,精准地引导着磁性的演变,使得反铁磁或顺磁态在铁磁态的华丽转身中,光学跃迁也随之翩翩起舞,展现出迷人的图景。

本书正是在这一背景下,汇集了在低温和强磁场条件下对几种典型过渡金属化合物磁性及光谱性质的深入研究成果。

(1)$(CH_3NH_3)_2MnCl_4$ 单晶光致发光的温度与磁场调制。利用低温光致发光和荧光寿命的测量,确定了$(CH_3NH_3)_2MnCl_4$ 单晶材料的发光机制——材料通过 d-d 跃迁吸收光子能量达到激发态,激发态能量在邻近的 Mn 离子之间传递,最终在缺陷态的 Mn 离子晶格发生辐射跃迁从而产生荧光。然后,通过脉冲强磁场下光致发光的测量,发现外磁场对光致发光的调制具有各向异性特征。最后,通过磁化率和 ESR 的测量,验证了单晶材料在低温下的面内反铁磁有序,从而证明反铁磁相互作用对光学跃迁的调制作用。

(2)$CsPbCl_3$:Mn 纳米晶的激子发光和 Mn 离子发光随 Mn 离子浓度、温度和磁场强度的变化规律,探究激子-Mn 离子激发态能量传递机制。首先,观测到温度从 300 K 降到 60 K 时能量传递过程被抑制,而在温度小于 60 K 时,能量传递过程又逐步增强的实验现象。通过对光谱参数如半峰宽、峰强以及峰位随温度变化的分析,发现热涨落增强了高温区域的能量传递过程。其次,通过磁化率和 ESR 的测量,发现纳米晶中在低温下形成了反铁磁相互作用的 Mn-Mn 离子对,引起了局域对称性结构的破缺,从而使能量传递过程在低温区域得到增强。最后,在强磁场下观测到铁磁态对能量传递过程的压制,进一步证明了反铁磁相互作用对激子-Mn 离子激发态能量传递过程的增强作用。

(3)$Gd_3Ga_{5-x}Fe_xO_{12}$:Yb^{3+}/Er^{3+} 纳米晶上转换光致发光随温度变化的独特响应。通过不同 Fe 离子浓度的纳米晶的 XRD 和磁化率测量确定 Fe 离子取代 Ga 离子的晶格位置。利用低温光致发光谱研究了不同 Fe 离子浓度纳米晶上转换荧光强度随温度的变化,揭示了 Fe 离子与 Er 离子的激发态能量传递过程有效地增强了纳米晶在低温下的荧光强度。最后,对该材料上转换荧光的传感性能进行评估,结果表明该类材料在大范围温度区间(4.2 ~ 300 K)表现出优异的响应特性,具有一定的应用价值。

每一项研究都是我们对这一领域未知边界的勇敢探索,每一次发现都是对自然法则深刻理解的又一里程碑。然而,科学的探索永无止境,我们的工作也只揭开了冰山一角。在此,我愿以谦卑之心,将这份研究成果呈现给读者,期待能够激发更多学者对过渡金属化合物磁光性质研究的兴趣与热情,共同推动这一领域的繁荣发展。

本书获得国家自然科学基金、河南省自然科学基金以及中原工学院青年骨干教师项目资助,在此表示感谢!同时,我也衷心地感谢在研究过程中给予支持与帮助的师长、同侪及家人,是你们的鼓励与陪伴,让我得以在科学的道路上勇往直前,不断前行。

限于作者水平和时间有限,书中难免有遗漏之处,欢迎广大读者批评指正。

作　者

2024 年 5 月

目　录

第1章 绪 论

过渡元素是指元素周期表中第四~六周期不包含镧系稀土元素在内的 3~12 族的一系列金属元素,其特点是 d 轨道电子层未全部占满电子。相对于第二、三过渡系元素,第一过渡系元素的原子半径小且价电子能低,因而表现出较强的金属活泼性,易于形成稳定的化合物。处于中间位置的 Fe、Co、Ni、Mn 等元素的 3d 电子轨道处于半满态,由之构成的化合物通常具有磁性。此外,其 3d 轨道能级的能量差在电子伏特量级,通常在可见光区间具有较强的光吸收和发射特性。因此,对于这些元素化合物或掺杂体系,其光学和磁学性质大多数要取决于该元素。这种特性使得 3d 过渡金属化合物拥有广泛的应用范围,长期以来一直是凝聚态物理、磁性物理、自旋电子学等领域的研究重点。

1.1 3d 过渡金属化合物的基本光学和磁学性质

1.1.1 基本光学性质

物质的基本光学性质包括光的吸收、发射、反射和散射、折射和衍射、偏振等。研究 3d 化合物通常利用光吸收和发光谱。光吸收过程指当光照射到材料上时,部分光由于与材料中的电子发生了相互作用而将光子的能量转化成材料内部能量的过程。过渡金属化合物的吸收大都来源于过渡金属离子的吸收。过渡金属离子的 d 轨道没有全部填满电子,因此 d 轨道中的电子可以吸收某一特定波长的光子能量从能量较低的轨道跃迁到能量较高的轨道,这种跃迁被称为 d-d 跃迁。正是由于吸收了可见光波段中某种特定波长的光,过渡金属化合物显现出颜色。比如,CuO 通常呈黑色,Fe_2O_3 通常呈暗红色。因此,吸收谱可以直接反映出 3d 化合物的能级结构。

发光是吸收的逆过程,3d 轨道电子吸收了光子的能量到达激发态后有一定概率发生复合而回到基态,通过辐射跃迁部分能量以光子的形式辐射出来,产生可见光或者近可见光波段的荧光,这一过程称为光致发光(PL)。PL 是光与物质相互作用的过程,利用它可探测物质的能态结构。发光的前提是材料对光有很好的吸收,使得电子到达激发态,然而,激发态电子未必能复合产生荧光,其能量可能通过其他形式耗散完,比如热辐射、晶格的振动等。因此,只有材料存在发光中心时,才会有荧光产生。根据材料特性的不同,发光可以划分成两部分:复合发光和分立中心发光。

(1)复合发光。大都发生在半导体材料中,比如半导体材料 ZnS 的带隙宽度为 3.83 eV,用波长小于 325 nm(光子能量大于 3.83 eV)的激光照射将激发其内部产生电子空穴对。电子在半导体中容易迁移,移动到特定位置与空穴复合而完成复合发光过程。在这个过程中,导带的电子和价带中伴随产生的空穴有较大的活动范围,电子的迁移并不局限在某个晶格位。具有不同能带结构的半导体,其发光性能有很大差异。在直接带隙半导体材料中,价带顶和导带底在 k 空间的同一位置,电子空穴对直接地复合;然而对于间接带隙半导体,价带顶和导带底位于 k 空间的不同位置,电子空穴对需要通过声子的辅助复合。对于后者而言,由于电子的跃迁过程要遵循能量守恒和动量守恒,因此跃迁概率变得很小。另外,材料的能带结构决定了复合发光过程,在半导体掺杂体系中,掺杂离子能级的位置位于带隙的中间,电子空穴对的复合会借助掺杂离子的能级来完成。

(2)分立中心发光。通常指离子发光,主要存在于绝缘体以及一些宽禁带半导体材料中。对于宽禁带半导体材料,由于带隙很宽,具有较小的吸收截面,因此很难在可见光区域观测到复合发光。当材料中存在缺陷态或者杂质离子时,相应的杂质、缺陷能级处于半导体导带和价带之间,通过带间跃迁产生发光,称为分立中心发光。可形成分立中心发光的离子包括过渡金属离子、稀土元素离子、锕系元素离子,以及一些类汞的离子。以含过渡金属 Mn 离子的化合物为例,当 Mn 离子处于正四面体或者对称性破缺的正八面体的晶格场中时,Mn 离子的 3d 轨道由于受到晶格场的作用而发生分裂,根据自旋和宇称的选择定则,Mn 离子能级之间可发生光学跃迁形成分立中心发光。通过电子-声子相互作用,Mn 离子可在 500~600 nm 波段发射绿、橙、红光。

1.1.2 基本磁学性质

磁性是物质的基本物理属性。根据其特征,物质的磁性可以分为 5 类:抗磁性、顺磁性、铁磁性、反铁磁性和亚铁磁性。大多数过渡金属化合物展现的磁性主要有 3 种:顺磁性、铁磁性和反铁磁性。磁化率随温度的变化关系如图 1-1 所示。

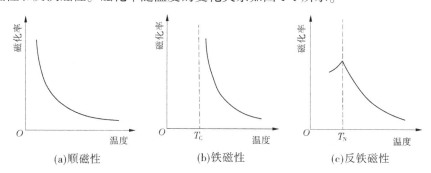

图 1-1　磁化率随温度的变化关系

材料中的原子、分子或者离子具有固有磁矩,但磁矩之间的相互作用非常微小,在热涨落的影响下,这些磁矩呈现无规则的排列。当存在外加磁场时,这些磁矩沿着磁场方向排布,并且磁场强度越大,磁矩的排列越规则,这一特性被称为顺磁性。顺磁性材料的磁化方向与外磁场方向是一致的,因此这类材料的磁化率大于零,但其数值很小。顺磁性材料的磁化率与温度有密切的关系。其中,一小部分材料的磁化率随温度的变化关系遵循居里定律,而大部分材料的磁化率-温度关系服从居里-外斯定律。大多数 3d 过渡金属化合物表现出顺磁性。

若具有固有磁矩的电子之间存在非常大的交换相互作用并超越热效应的影响,将使材料中的磁矩呈现出平行排列,形成铁磁性。随着温度升高,热效应的影响将会增大,这种平行有序的排列趋势也会减弱,当温度大于居里温度(T_C)时,由于热效应的影响大于交换相互作用的影响,材料将由铁磁态转变为顺磁态,自旋磁矩变成了无序状态。铁磁性材料是一类非常重要的磁性材料,并且其中一些铁磁性材料还是性能独特的磁光材料。铁磁性材料主要包括 Fe、Co、Ni 及其合金和化合物,比如 NdFeB、FeNi、Fe_3O_4、CrO_2 等。

反铁磁性大多存在于阳离子为过渡金属离子的化合物中,比如 MnO、NiO。过渡金属阳离子没有直接相连,而是通过中介阴离子连接起来的。由于金属离子之间的距离比较大,电子不是如铁磁性材料中直接发生交换相互作用,而是通过中介阴离子形成间接的交换相互作用,使金属阳离子的自旋磁矩呈现反平行排列,从而整体对外不会显示出磁性。即使在外加磁场条件下,也只是表现出微弱的磁性。但随着温度的升高,热效应作用将会弱化自旋磁矩的反平行排列趋势。当温度超过奈尔温度(T_N)时,反铁磁性材料由反铁磁态转变为顺磁态。

1.2　3d 过渡金属化合物的研究方法

1.2.1　晶体场理论

3d 过渡金属化合物的光学性质大多取决于过渡金属离子,对于过渡金属离子的能级结构和相应电子的光学跃迁的研究,晶体场理论是最直接且有效的方法。

晶体场理论是基于静电理论,利用群论中的对称性理论以及量子力学方法研究过渡金属离子的 d 轨道和稀土离子的 f 轨道的理论。它将化合物中的过渡金属离子或者稀土离子视为中心,周围邻近的离子视为配位体,忽略配位体轨道电子的影响,认为配位体是单纯的点电荷。因此,中心离子与配位体之间的相互作用可以看成点电荷或者偶极子之间的相互作用。由于中心离子受到配位体的作用,因此离子的 d 轨道或者 f 轨道将不再简并,而是分裂成不同的轨道能级。相较于原来的简并轨道,有的轨道能级升高了,而有的轨道能级降低了。非简并能级的高低以及个数取决于过渡金属离子或者稀土离子所处的局域晶体场对称性,也就是这种轨道能级分裂直接决定了该类化合物的光学性质和磁学性质。

对于 3d 过渡金属元素,d 轨道主量子数 n 为 3,角量子数 l 为 2,所以其轨道是五重简并($2l+1$)。3d 过渡金属元素 5 个非简并 d 轨道示意图如图 1-2 所示,这 5 个简并轨道 $[d_{z^2}, d_{x^2-y^2}, d_{xy}, d_{yz}, d_{xz}]$ 在空间取向上不相同。当过渡金属离子处于球形场的结构中时,简并的 d 轨道不发生分裂。比如,在球体结构中,3d 过渡金属离子处于球体的中心,周围配位体中的离子均匀地分布在球体的表面。由于配位体负电荷作用的对称性,金属离子的 5 个简并轨道上的电子所受到的排斥力都是一样的,因此 d 轨道不会发生分裂而仅仅提高轨道能级。当过渡金属离子处于化合物的晶格中时,周围配位体对中心离子的 d 轨道产生静电作用,使轨道去简并,产生了轨道能级分裂,并使占据在中心离子 d 轨道上的电子产生重排。基于化合物的稳定性原则,电子优先占据低能量的能级轨道。因此,在不同的晶体结构中,3d 过渡金属离子的轨道分裂情况也不同,从而具有完全不同的物理化学性质。

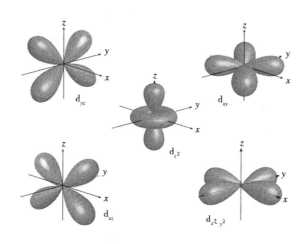

图 1-2　3d 过渡金属元素 5 个非简并 d 轨道示意图

　　3d 过渡金属离子 5 个非简并的 d 轨道在不同晶体场中的分布情况如图 1-3 所示,对于具有正八面体结构的材料,3d 过渡金属离子一般处于正八面体的中心,配位体的阴离子分别处于正八面体的 6 个顶点。由 5 个 d 轨道在正八面体中的排布可以得到,非简并 d_{z^2} 和 $d_{x^2-y^2}$ 轨道的波瓣正好指向正八面体的 6 个顶点,也就是配位体的阴离子位置。因此,这 2 个轨道受到配位体极大的排斥作用,形成较高能量的轨道能级。这组双重简并的轨道被称为 e_g 轨道。而另外 3 个非简并轨道 d_{xy}、d_{xz}、d_{yz} 的波瓣分别指向正八面体的 6 个面,轨道受到配位体的排斥力相对较小,导致 3 个轨道能级有所下降,这组三重简并的轨道被称为 t_{2g} 轨道。

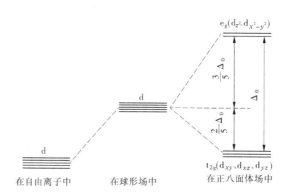

图 1-3　3d 过渡金属离子 5 个非简并的 d 轨道在不同晶体场中的分布情况

　　在正四面体结构中,3d 过渡金属离子仍处于正四面体的中心,配位体的阴离子处于正四面体的 4 个顶点。过渡金属离子 3d 轨道在正四面体晶体场中的分裂如图 1-4 所示,与在正八面体中相同,5 个非简并的 d 轨道分裂成两组,一组是三重简并的 t_2 轨道,另外一组是两重简并的 e 轨道。t_2 轨道包含 d_{xy}、d_{xz}、d_{yz} 轨道,轨道波瓣分别指向正四面体的四条棱,受到了较强的排斥力而能级升高。而 e 轨道包含 d_{z^2} 和 $d_{x^2-y^2}$ 轨道,轨道波瓣分别指向正四面体的 4 个面心,受到的排斥力较小,因此能级发生了下降。

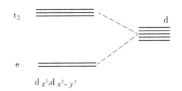

图 1-4　过渡金属离子 3d 轨道在正四面体晶体场中的分裂

1.2.2　交换相互作用理论

在量子力学的基础上,分子场理论成功地解释了磁性材料的磁化率随温度的变化特性以及内部的自发磁化现象。电子与电子之间不仅存在着库仑相互作用,还存在着交换相互作用,也就是分子场。分子场是一种静电相互作用,对于解释该书中铁磁性和反铁磁性的 3d 过渡金属化合物起着非常重要的作用。

1.2.2.1　直接交换相互作用

直接交换相互作用模型最早是由海森堡提出来的,他在前人研究氢分子交换相互作用的基础上推导出该理论模型,完整地解释了铁磁性物质中的自发磁化现象。该理论模型针对磁性离子之间距离比较近的化合物,由于两个磁性离子的电子波函数发生交叠进而可以产生交换相互作用能。海森堡模型表达式为

$$H = -J \sum_{i,j} S_i \cdot S_j \tag{1-1}$$

式中:J 为电子与电子之间的海森堡交换积分;S_i 为磁性化合物晶格中 i 格点上的离子总自旋;S_j 为相邻的 j 格点上的离子总自旋。

当交换积分 $J>0$,两个相邻磁性离子的自旋呈平行状态排列时,化合物的能量最低且展现出铁磁态。而当交换积分 $J<0$,相邻的两个磁性离子的自旋呈反平行排列时,化合物的能量最低且展现出反铁磁态。这就是典型的直接交换相互作用,也被称作海森堡交换作用。

1.2.2.2　间接交换相互作用

实际上,在大多数过渡金属化合物中,磁性离子之间的距离比较大,并且两个磁性离子之间还夹着非磁性离子,比如 O^{2-}、Cl^- 等氧族或者卤族元素离子。因此,磁性离子的电子波函数将无法重叠,基于海森堡模型的直接交换相互作用不再适用。于是克拉默斯提出了间接交换相互作用,他认为通过中间的非磁性离子,磁性离子之间仍然能发生相互作用并产生交换相互作用能。

以经典的反铁磁性材料 MnO 为例来阐明间接交换相互作用。反铁磁性材料 MnO 中 Mn 离子之间的间接交换相互作用示意图如图 1-5 所示,MnO 具有面心立方结构,与 NaCl 结构相同。Mn 离子和 O 离子交替地有序排列,形成了键角为 180° 的 Mn—O—Mn 结构。在离子化合 MnO 中,Mn 离子的 3d 轨道的电子数为 5,其电子结构为 $3d^5$。由洪特定则可知,5 个电子的自旋是平行排布的。而 O 离子的未满电子壳层是 2p 轨道,轨道包含 6 个电子,其电子结构为 $2p^6$。在基态时,由于 O 离子没有磁性,Mn 离子和 O 离子之间的交换相互作用几乎为零。当材料处于激发态时,O 离子的 2p 轨道上的 1 个电子将转移到 Mn 离子的 3d 轨道上,这时这个被转移的电子就与 Mn 离子的 3d 轨道上的电子发生了交换

相互作用。但由于泡利不相容原理,被转移电子的自旋与 Mn 离子的 3d 轨道上的自旋反向平行。使 O 离子的 2p 轨道上剩下的一个不成对电子也会与邻近 Mn 离子的 3d 轨道上的电子发生交换相互作用,并且电子自旋呈反平行排列。最终,相邻 Mn 离子之间呈现自旋的反平行排列,并且通过中间的氧离子发生间接交换相互作用。

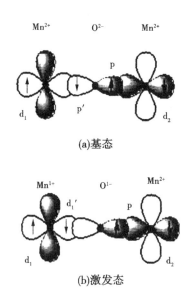

(a)基态

(b)激发态

图 1-5 反铁磁性材料 MnO 中 Mn 离子之间的间接交换相互作用示意

影响间接交换相互作用的因素有两个:一个是磁性离子的 d 轨道的填充情况,另一个是中间的非磁性离子的 p 轨道与磁性离子的 d 轨道之间的交换积分的大小。如果磁性离子 d 轨道中的电子个数未达到半满状态,且交换积分小于零,磁性离子的自旋将呈现平行排列,并展现出铁磁态。当磁性离子 d 轨道中的电子个数超过半满状态,且交换积分小于零,则出现反铁磁态。同样,当交换积分大于零时,也能出现上述两种情况。

在离子化合物 MnO 中,Mn—O—Mn 角为特殊角 $180°$,但对于不同的过渡金属化合物,键角呈现出不同的角度值。同时,磁性离子的 d 轨道在晶体场中发生分裂,引起空间上各向异性的非简并 d 轨道与非磁性离子的 p 轨道的交叠积分不同。因此,磁性离子的间接交换相互作用还与结构中的键角有关。

1.3 3d 过渡金属化合物材料在低温和磁场下的研究进展

1.3.1 稀磁半导体材料在低温和磁场下的光学研究进展

稀磁半导体材料是一种通过磁性离子部分取代半导体中非磁性离子而形成的典型掺杂体系材料。掺杂的磁性离子主要是过渡金属离子或者稀土离子。由于磁性离子的掺杂量比较少,因此这类材料被称为稀磁材料。在这类材料中,磁性离子在局域位置具有很强的自旋磁矩,它与半导体的导带和价带中的电子磁矩发生交换相互作用,赋予稀磁半导体材料更多的物理特性,如磁性、磁输运、磁光等性质。稀磁半导体材料利用电子的电荷属性和磁性离子的自旋属性,将半导体材料的优势完美地与磁性功能材料的优点结合起来。这类具有独特属性的材料可被制成自旋电子器件或者自旋光子器件,在自旋电子学和光子学领域具有重要的应用价值。同时,稀磁半导体材料也成功地将半导体物理学和磁性物理学结合起来。因此,对稀磁半导体材料的研究无论是从理论上还是从应用上都非常重要,一直是国内外研究人员关注的热点。

对稀磁半导体材料光学性质的研究,主要集中在引入不仅具有磁性还具有发光特性的离子,比如 Mn 离子、Co 离子、Fe 离子或者 Cu 离子,以满足其在光致发光或者电致发光等领域的应用。在众多的 3d 过渡金属离子中,由于 Mn 离子在可见光波段可产生很强的荧光而且容易掺杂到半导体晶格中,Mn 离子掺杂半导体材料最为常见。比如早期的锰掺杂 II ~ VI 族稀磁半导体材料($ZnS:Mn^{2+}$ 和 $CdSe:Mn^{2+}$),以及最近比较热门的锰掺杂卤化铅钙钛矿材料($CsPbX_3:Mn^{2+}$),它们都展现出优异的发光特性。它们的光发射既具有半导体本征的电子空穴对的复合发光,还具有 Mn 离子的 d-d 跃迁引发的分立中心发光。在半导体中的 Mn 离子发光能量可以来源于半导体中的激子能量到 Mn 离子激发态的能量传递。由于磁性离子与半导体中的电子和空穴之间存在很强的自旋交换相互作用,半导体的能带结构以及载流子的运动被 Mn 离子调制。另外,由于 Mn 离子的磁性与外磁场、温度相关,通过 Mn 离子与半导体中的电子-空穴对,以及 Mn 离子之间的自旋交换相互作用可以预期,温度、磁场可调制 Mn 掺杂半导体材料的光学性质。

对稀磁半导体材料在低温和磁场下的光学研究,可以进一步了解磁性离子与电子空穴之间的耦合作用以及半导体中的激子与磁性离子之间的能量传递过程。因此,利用低温和磁场条件探究不同稀磁半导体材料的光学性质一直是科研工作者关注的热点。稀磁半导体材料在低温和磁场下的光学现象和效应以及前人的相关研究如下。

1.3.1.1　磁场调控激子与磁性离子之间的能量传递过程

在稀磁半导体发光材料中,发光谱不仅包含了半导体中的激子发光,还包含了过渡金属离子的发光。而过渡金属离子的发光一般是由于激子通过非辐射跃迁将能量传递到该离子上激发产生的。在外磁场作用下,过渡金属离子的发光强度在很大程度上被抑制,而激子发光强度却明显地增强。

根据光学跃迁选择定则,只有向上箭头的跃迁通道是被允许的。

这一现象最早在 20 世纪 90 年代被发现。V. G. Abramishvili 等探究了 $Zn_{0.99}Mn_{0.01}Se$ 单晶材料在磁场下的光致发光特性,发现 Mn 离子的荧光强度在外磁场作用下减弱。此现象是由于激子与 Mn 离子的交换相互作用抑制激子到 Mn 离子的能量传递过程。随后,M. Nawrocki 等发现在 $Cd_{0.95}Mn_{0.05}S$ 单晶材料中光电导随着磁场强度的增强也逐渐减小,他们认为激子的无辐射跃迁复合同时引起过渡金属离子发光的过程属于电子自旋参与的俄歇复合过程。$Cd_{0.95}Mn_{0.05}S$ 单晶材料中,激子自旋相关的俄歇复合过程示意如图 1-6 所示,导带上自旋向下的电子,由于与 Mn 离子 3d 轨道上 5 个电子的自旋方向相反,通过散射的形式将能量传递到 Mn 离子的 3d 轨道上,形成激发态 Mn 离子,然后一个自旋向上的电子又被虚拟地跃迁到价带上,同时伴随着 Mn 离子的辐射跃迁产生荧光。Mn 离子的基态和激发态自旋量子数 S 分别为+5/2 和+3/2,在外磁场作用下,基态和激发态分别分裂成 6 个和 4 个非简并的能级。根据洪特跃迁定则,只有 ΔS_z 等于零时,电子才能实现跃迁。因此,基态 $S=\pm5/2$ 到激发态的跃迁通道受阻,导致激子到 Mn 离子的能量传递过程受阻。随后,这种磁场压制能量传递效应又在其他 Mn 离子掺杂的 Ⅱ～Ⅵ族稀磁半导体材料中被广泛研究。

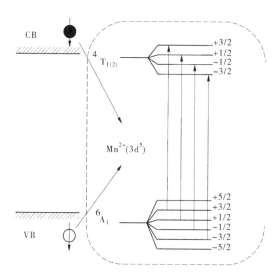

图 1 6　$Cd_{0.95}Mn_{0.05}S$ 单晶材料中,激子自旋相关的俄歇复合过程示意

1.3.1.2　巨塞曼效应

在稀磁半导体材料中,导带和价带中的电子和过渡金属离子中的电子之间存在自旋交换相互作用。在外加磁场下,半导体的导带和价带能级发生非常大的分裂,相对于非磁性的半导体材料,分裂能的增大量高达两个数量级,这种效应被称为巨塞曼效应。此效应使得稀磁半导体材料在自旋滤波、磁光控门、电荷控制磁力等领域具有应用价值。

在外加磁场下,激子的塞曼分裂能可以用式(1-2)表示。

$$\Delta E_{Zeeman} = g_{exc}\mu_B H + x_{eff}\langle S_z \rangle \gamma N_0(\alpha - \beta) \qquad (1\text{-}2)$$

式中:g_{exc} 为内禀激子朗德 g 因子;μ_B 为玻尔磁子;H 为磁场强度;x_{eff} 为有效 Mn^{2+} 摩尔分数;$\langle S_z \rangle$ 为不同磁场方向上,温度和磁场依赖的 Mn^{2+} 自旋期望值;γ 为比例因子;N_0 为阳离子密度;α 和 β 分别为电子和空穴与 Mn^{2+} 的磁交换积分。

在非磁性半导体材料中,激子的塞曼分裂能只取决于激子固有的朗德 g 因子。然而,对于稀磁半导体材料,磁性离子的自旋极化在晶格内部产生一个等效的磁场,半导体中的激子受到等效磁场的分裂能远大于在外加磁场下的分裂能,其能量差值高达两个数量级。因此,sp-d 交换相互作用引起的分裂能占主要地位。

2002 年,Yasuo Oka 等利用分子束外延技术在 ZnSe 的衬底上以自发生长的模式成功合成出 Mn 离子掺杂 CdSe 半导体量子点。在 4.2 K 温度以及 0~7 T 磁场强度下,探究磁场对稀磁半导体材料的激子发光带的影响。如图 1-7 所示,一方面,随着磁场强度的增大,CdSe 量子点的激子发光强度逐渐地增大,而 Mn 离子的发光强度在不断地减小,这是上述提到的,磁场抑制了 CdSe 量子点的激子到 Mn 离子之间的能量传递过程;另一方面,CdSe 量子点的激子发光峰的峰位在低磁场范围内随着磁场强度的增大发生明显的红移,而在高磁场强度下峰位保持不变,这种变化即来源于巨塞曼效应。

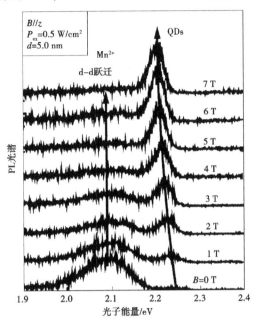

图 1-7　$Cd_{0.97}Mn_{0.03}Se$ 量子点的磁场依赖的 PL 光谱

1.3.1.3　巨磁圆二色效应

在低温和强磁场下,稀磁半导体材料的导带和价带发生分裂,使左旋偏振光的跃迁能量与右旋偏振光的跃迁能量产生差别,因而引发巨磁圆二色效应。通过对稀磁半导体材料在强磁场下的偏振光致发光谱的探测,能清晰地观测到巨塞曼效应。

激子的自旋极化程度一般可以用极化比 ρ 来表示,极化比的公式如下:

$$\rho = \frac{I_L - I_R}{I_L + I_R} = \frac{\Delta I}{I} \tag{1-3}$$

式中:I_L 和 I_R 分别为左旋和右旋圆偏振荧光强度;ΔI 为左旋与右旋圆偏振荧光强度差;I 为荧光总强度。

由于极化比直接受电子自旋动态以及导带和价带的分裂情况影响,因此激子自旋的自旋偏振直接决定了有效朗德 g 因子和塞曼分裂能。

2004 年,A. Hundt 等测量了 CdSe:Mn^{2+} 量子点磁圆偏振荧光谱。如图 1-8 所示,在外加磁场下,量子点样品的左旋圆偏振荧光相对于零场下极大地增强。当外磁场强度达到 1 T 时,激子的自旋极化比 ρ 就完全等于 1。作为对照,对于纯的 CdSe 量子点,在同样的磁场和温度条件下,激子的自旋极化比小于-0.2。这充分说明了此磁性半导体的激子态对磁场非常敏感。同时,左旋圆偏振荧光的峰位发生了极大的偏移,表明发生巨磁圆二色效应。通过峰位的偏移,计算得到材料的有效朗德 g 因子为-350,比非磁性半导体材料高约两个数量级,从而证明了激子和磁性离子之间强的 sp-d 交换相互作用。

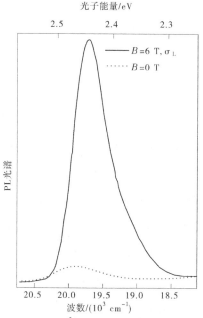

(a)CdSe:Mn^{2+}量子点在不同磁场强度下的
左旋偏振光致发光

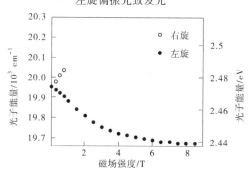

(b)量子点材料的左旋和右旋偏振发光峰的
峰位随磁场强度变化的关系

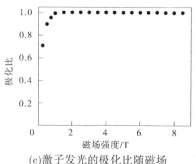

(c)激子发光的极化比随磁场
强度变化的关系

图 1-8   稀磁半导体材料在磁场下激子的自旋极化特性

1.3.1.4 磁极化子的形成

稀磁半导体量子点相对于稀磁半导体单晶材料,导带中的电子和价带中的空穴存在很强的局域化效应,从而使激子与磁性离子之间的 sp-d 交换相互作用在很大程度上得到增强。如图 1-9 所示,在足够多的自旋极化的电子和空穴的情况下,磁性离子的周围形成一个有效的磁场,使磁性离子发生磁化现象。在无外磁场的作用下,这种由自发磁化而形成自旋取向一致的激子和磁性离子的复合产物被称为磁极化子。磁极化子的形成对稀磁半导体量子点的光学性质有着极大的影响。

图 1-9　无外磁场作用下磁极化激子形成的机制

2000 年,D. Hoffmana 等在对 Mn 离子掺杂 ZnS 量子点材料进行研究时,发现在无外磁场作用下,量子点导带和价带能级发生分裂。由此考虑电子、空穴与磁性离子之间存在短程相互作用。2001 年,J. Seufert 等利用时间分辨的光致发光测量手段对 CdSe/ZnMnSe 量子点进行测量,从试验上直接证明了稀磁半导体量子点材料中磁极化子的形成。时间相关 CdSe/ZnMnSe 量子点激子发光谱如图 1-10 所示,在前 400 ps 的时间范围内,半导体中激子发光峰的峰位随着延迟时间发生红移。表明在磁极化子的形成过程中,由于电子、空穴与磁性离子的相互作用,在量子点中逐渐形成一个等效的磁场,价带和导带能级受到此等效磁场作用而发生分裂。

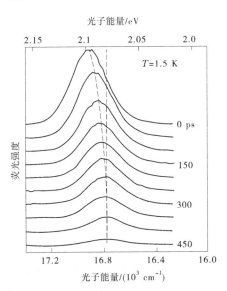

图 1-10　时间相关 CdSe/ZnMnSe 量子点激子发光谱(激发光脉冲宽度为 2 ps)

1.3.2　类钙钛矿有机-无机杂化材料在低温和磁场下的研究进展

在无机钙钛矿结构化合物中,八面体中心以及间隙的阳离子的多样化导致钙钛矿材料的多样性,从而涌现出大批的功能材料,如磁电阻材料、超导材料、离子导体材料、压电和铁电材料等。类钙钛矿有机-无机杂化材料是在无机钙钛矿材料的基础之上形成的一类新型的功能材料。它是由有机分子层和无机分子层相互交叠组成的,在空间上形成层状的结构。这种杂化结构同时具备了有机分子和无机分子特有的特性:有机分子具有容易加工、较大的极性、结构可变性、机械可塑性以及非常优异的发光特性等优势;无机分子具有优异的磁性和电学特性以及热稳定性和机械稳定性等优势,甚至一些无机分子也具备良好的发光性质。因此,类钙钛矿有机-无机杂化材料在光学、磁学以及电学等领域有着非常广泛的应用,例如光电器件、光伏、发光二极管、激光器、传感器等。

层状类钙钛矿结构有机-无机杂化化合物的通用分子式为 AMX_4,其中:A 代表有机官能团,一般为烷胺基 RNH_3^+ 或者双胺基 RNH_3^+R;M 通常为二价的 3d 过渡金属离子,比如 Fe^{2+}、Cu^{2+}、Co^{2+}、Mn^{2+}、Cd^{2+}、Cr^{2+} 等;X 是卤族元素离子 Cl^-、Br^-、I^-。图 1-11 为二维层状类钙钛矿有机-无机杂化化合物的结构示意。其结构可以看作是将无机钙钛矿单元沿着水平面的方向切开,在中间插入一层有机分子层。有机分子层结构可以是双层排布的烷胺基 RNH_3^+ 结构,也可以是单层的双胺基 RNH_3^+R 结构。在双层的烷胺基 RNH_3^+ 结构中,烷胺基通过范德瓦尔斯力结合在一起。而在单层的双胺基 RNH_3^+R 结构中,有机官能团通过化学键连接。对于无机分子层,过渡金属离子与卤素离子形成 MX_6^{4-} 的正八面体结构,在二维平面内有序排列并向外延展。有机分子层与无机分子层之间通过氢键连接。理论上,有机分子层中的氢原子可以与无机分子层中的任何一个卤素离子形成氢键,然而由于有机分子层的胺基以及分子链在空间上受到限制,使得有机分子层中的胺基上的一个氢原子与无机分子层平面外的卤素离子形成氢键,而胺基上另外的氢原子与无机分子层平面内的两个卤素离子形成氢键,从而有机分子层和无机分子层交叠排布形成稳固的层状结构。

由于晶体结构的独特性,以及过渡金属离子产生的丰富磁结构,类钙钛矿有机-无机杂化化合物对外界环境格外的敏感。磁场和低温光谱测量是研究类钙钛矿有机-无机杂化材料化合物结构、磁性和光学性质的理想手段。在低温和磁场下前人对该类材料的研究如下。

1.3.2.1　低温结构相变

最初,相关的研究集中在类钙钛矿有机-无机杂化材料的结构变化上。有机分子层与无机分子层之间的氢键作用以及有机分子链都对温度有很强的敏感性,在不同温度下,有机分子层的原子排列结构不同,同时氢键的作用力也会发生变化,从而发生结构相变。20 世纪 70 年代,K. Knorr 等利用 XRD 以及中子衍射研究了 $(CH_3NH_3)_2FeCl_4$ 的结构变化后发现:当温度大于 328 K 时,该材料的结构为四方晶相;而当温度小于 328 K 时,转变为正交晶相。当温度降低到 231 K 时,又从正交晶相转变为四方晶相。

含不同过渡金属离子的类钙钛矿有机-无机杂化材料,由于有机分子层与无机分子层的耦合作用不同,展现出了不同的结构变化。对于 $(C_2H_5NH_3)_2CdCl_4$,由于有机分子层

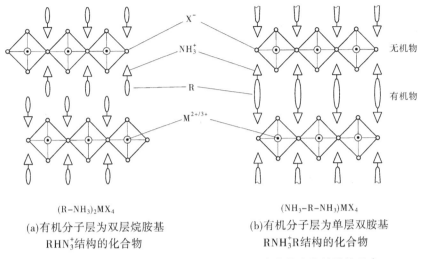

$(R-NH_3)_2MX_4$

(a)有机分子层为双层烷胺基
RHN_3^+结构的化合物

$(NH_3-R-NH_3)MX_4$

(b)有机分子层为单层双胺基
RNH_3^+R结构的化合物

图 1-11 二维层状类钙钛矿有机–无机杂化化合物的结构示意

中的原子重新排布,在温度高于 485 K 时展现出四方晶相,485～216 K 时为正交晶相,而在低于 216 K 时呈现四方晶相。相对于 Fe 基化合物,相变温度发生了较大变化。在温度进一步降低到 114 K 时,由于 $CdCl_6$ 正八面体结构与有机分子链的耦合作用,降低了杂化材料$(C_2H_5NH_3)_2CdCl_4$ 结构的对称性,其结构从四方晶相转化成单斜晶相。对于 Mn 基化合物,其结构随温度的变化与 Cd 基化合物相似。对于 $NH_3(CH_2)_5NH_3MnCl_4$,其高温结构相变发生在 298 K。图 1-12 为不同温度下该材料的结构示意,可以清晰地看到有机分子层的重排导致了材料结构的变化。

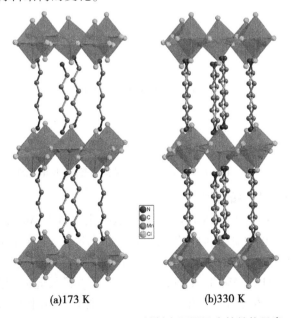

(a)173 K   (b)330 K

图 1-12 $NH_3(CH_2)_5NH_3MnCl_4$ 材料在不同温度的结构示意

1.3.2.2　低温磁性和电极化

由过渡金属离子组成的类钙钛矿有机-无机杂化材料具有丰富的磁性,因而受到广泛关注。层状类钙钛矿有机-无机杂化材料属于典型的准二维海森堡磁性体系,主要考虑层内过渡金属离子之间的磁交换相互作用。Seong-Hun Park 等研究了层状杂化材料 $(C_6H_5CH_2CH_2NH_3)_2MnCl_4$ 的磁化率随温度的变化后发现,在高温区域表现为顺磁性,而在低温区域形成反铁磁性。此外,具有类似结构的其他过渡金属离子化合物的磁性也有研究:Fe 基化合物同 Mn 基化合物类似,同样在低温下呈现反铁磁性;而 Cu 基和 Cr 基化合物在低温下展现出铁磁性。在外磁场下,反铁磁性的 Fe、Mn 基体系可能发生磁性相变。试验表明,$(C_6H_5CH_2CH_2NH_3)_2MnCl_4$ 在外磁场强度为 3.5 T 时发生自旋翻转,在磁场继续增加时,反铁磁性逐渐转向为饱和磁化。

类钙钛矿有机-无机杂化材料在低温下还展现出优异的铁电性质。尤其是 Mn 基和 Cu 基化合物。B. Kundys 等在低于居里温度时,观测到 $(C_2H_5NH_3)_2CuCl_4$ 的铁电性。如图 1-13 所示,可以清晰地看到电滞回线,此时电场方向平行于晶体 a 轴。在该材料中,引起铁电性的原因不是磁性离子自旋的有序排列,而是有机分子层和分子层之间的氢键作用。Zhang Yi 等研究了 $(CH_3)_4MnBr_3$ 的铁电性,发现在 220 K 温度下由顺电相转变为铁电相。

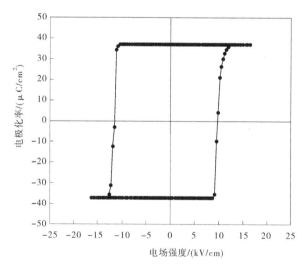

图 1-13　$(C_2H_5NH_3)_2CuCl_4$ 单晶材料在 77 K 的电滞回线

1.3.2.3　温度对发光特性的影响

在众多的过渡金属离子类钙钛矿有机-无机杂化材料中,Mn 基化合物不仅展现出丰富的结构、磁性、电极化相变,同时还展现出较强的光致发光。在低温下,其发光效率被显著增强,并且相对应的发光能级也会被调控。在 20 世纪 70 年代,T. Tsuboi 等对有机-无机杂化材料 $(C_nH_{2n+1}NH_3)_2MnCl_4(n=1,2,3)$ 进行了光致发光的探测,随着温度的升高荧光强度显著增强,并且发光峰位发生了红移。这一现象在当时并没有相应的理论机制支撑。

1.4 主要内容

3d 过渡金属化合物因具有独特的轨道和电子结构,展示出非常优异的光学和磁学性质。因此,此类材料在现代科学和工业领域具有广泛的应用前景。对于 3d 过渡金属化合物,随着具有优异光电性质的钙钛矿结构的新型半导体和化合物不断被发现,在不同温度和磁场条件中进行光谱测量的相关试验研究具有巨大的研究价值。

该书利用温度和磁场相关的光谱测量系统对 Fe 离子、Mn 离子掺杂钙钛矿半导体以及 Mn 基钙钛矿化合物进行了磁性和光学性质的研究,图 1-14 展现了该书的主要结构。具体内容包括:

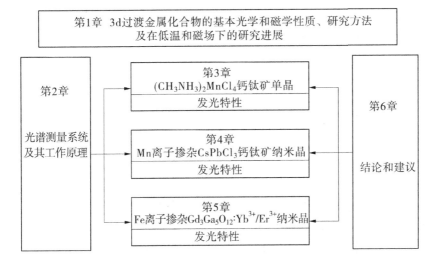

图 1-14 该书的主要结构

(1)有机与无机杂化类钙钛矿单晶材料(CH_3NH_3)$_2MnCl_4$ 拥有突出的发光特性。通过吸收谱、荧光激发谱、不同温度下的荧光谱和荧光寿命对类钙钛矿单晶材料的发光机制进行了研究。同时,结合变温 XRD 的测量研究了深缺陷态的发光性质。通过磁场沿不同晶向的光致发光测量,分析了磁场调控单晶材料荧光强度的机制。在此基础上,利用磁化测量和变频率 ESR 测量探测了该材料的磁结构,验证了磁场调控荧光强度的机制。

(2)在 Mn 离子掺杂 $CsPbCl_3$ 钙钛矿纳米晶中,激子与 Mn 离子之间的能量传递过程受诸多因素影响。通过不同 Mn 离子浓度的纳米晶的低温光致发光谱测量,揭示了激子与 Mn 离子之间能量传递在高温和低温区域的机制不同。利用磁化率和 ESR 以及脉冲强磁场下的光致发光测量,确立了不同温度区域中激子与 Mn 离子之间能量传递的机制。

(3)Fe 离子掺杂 $Gd_3Ga_5O_{12}$:Yb^{3+}/Er^{3+} 纳米晶材料具有较强的磁性和可调控的上转换荧光特性。利用 XRD 和磁化率测量研究了不同 Fe 离子掺杂浓度样品的结构和磁性。在此基础上,对不同 Fe 离子浓度的样品进行了低温上转换荧光测量,探究了荧光强度随温度的变化与磁性的关系。最后探讨了该类纳米晶样品在温度传感上的应用。

第 2 章　光谱测量系统及其工作原理

基于第 1 章的背景介绍,该书主要研究低温光学、磁性测量。第 2 章详细地介绍了低温光谱测量系统、时间分辨光学测量系统以及脉冲强磁场下的光谱测量系统的结构和工作原理。

2.1　低温光谱测量系统

低温光谱测量系统可实现 4.2 K 至室温下对样品的光吸收和光致发光谱测量,主要由两部分组成:光谱测量系统和温度控制系统。光谱测量系统的目的是将光源光引入到处于温度控制系统中的样品上,再将信号光收集到探测器中。温度控制系统的目的是给样品提供可变且可控的温度环境。

2.1.1　光谱测量系统

光谱测量系统包含光致发光测量系统和光吸收测量系统,接下来介绍两种不同功能的光学测量系统。

2.1.1.1　光致发光测量系统

图 2-1 为光致发光测量系统的测量原理。该书使用的光源包括:①钛蓝宝石飞秒激光器。可调谐激光波长范围为 700~960 nm,脉冲宽度为 130 fs,重复频率为 76 MHz。飞秒激光器还连接倍频器,将基频光转化为二倍频和三倍频激光,因此激光范围还涵盖了 350~480 nm 以及 240~320 nm 波段。②氩离子激光器。输出 351 nm、363 nm、454 nm、458 nm、477 nm、488 nm 和 514 nm 波长的激光。③3 个单一波长的固体激光器。532 nm、633 nm 和 980 nm 激光器。基本光学元件包括紫外-可见波段的反射镜和透镜、可调谐的中性密度滤光片以及长波、短波通过的滤光片。可见光光谱仪包括 Andor SR500 单色仪和 Andor DU970P 电制冷的面阵 CCD(探测器),探测器工作的环境温度达到 -65 ℃,有效减弱热噪声,适用的波长范围为 300~1 000 nm。近红外光谱仪包括 Acton SP2358 单色仪和 InGaAs 的线阵 CCD,该探测器利用液氮制冷使工作环境温度达到 -100 ℃,同样可减少电子噪声进而提高信噪比,适用的波长范围为 800~1 700 nm。

在光致发光试验中,激光器输出探测光,在自由空间里探测光经过反射镜的准直和滤光片的衰减,再通过合适焦距的透镜聚焦到样品上激发荧光信号。探测光以斜入射的方式照射到样品上,这样是为了方便和高效地收集信号光。在垂直于样品的方向,样品的荧光信号又通过一系列的透镜元件组被收集并且引入到单色仪中,再通过单色仪的分光进入到 CCD 中进而得到光致发光谱的试验数据。在收集信号的光路中,合适波段的滤光片会被添加到其中,这样可以滤掉一些激发光的散射成分以及周围环境中的杂散光,以保证收集信号的准确性。

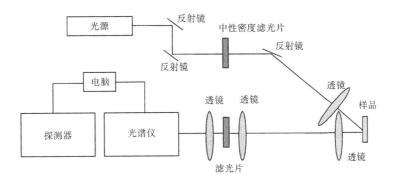

图 2-1　光致发光测量系统的测量原理

2.1.1.2　光吸收测量系统

图 2-2 为光吸收测量系统的测量原理。在光吸收测量系统中,主要光源为白光源溴钨灯,输出光的波长范围为 350～1 700 nm,最大功率达到 200 W。其余部件与光致发光测量系统中的部件相同,包括基本光学元件、可见光光谱仪和近红外光谱仪。

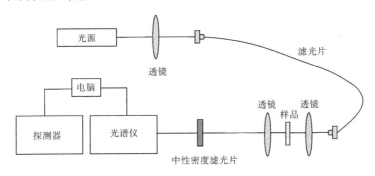

图 2-2　光吸收测量系统的测量原理

在光吸收的试验中,溴钨灯输出白光。首先,利用透镜元件将白光耦合入多模光纤;然后,选用合适的透镜组将光纤输出的白光聚焦到样品上;最后,直接将透过样品的光聚焦到光谱仪狭缝,从而得到透射光谱的试验数据。结合未放样品时采集的背景数据对该试验数据进行处理,就可以直接得到吸收谱。相对于激光,白光光源准直性较差,因此在长距离的传输过程中,试验选择用光纤来传输探测光。另外,在收集信号光的光路上放置了中性密度滤光片,是为了避免在采集背景光或者样品吸收系数比较小时,透过的光信号超越光谱仪的探测范围而无法采集到数据。

2.1.2　温度控制系统

图 2-3 展示了温度控制系统所使用的相关装置。温度控制系统的主要部件包括低温恒温器、温度控制器、流量计以及液氦循环系统。低温恒温器是该系统的核心部件,其前后有两个石英窗口,可以很好地用于变温光吸收和光致发光测量。低温恒温器和温度控制器是 Oxford Instruments 公司提供的商业设备,因此该系统是基于这两件设备进行搭建

的。首先,将样品固定到低温恒温器中,然后对低温恒温器的腔体进行抽真空,使腔体内部与外界环境不发生热传导,以保证样品周围的低温环境。其次,液氮杜瓦通过专用液氮导液管将液氮输送到低温恒温器中,极低温的液氮对腔体内样品的位置进行降温,然后气化再通过导液管中的回气层导入流量计。最后,连接流量计的气泵将氦气抽送到实验室的氦气回收系统中。同时,低温恒温器还与温度控制器连接,实时监测样品区域的温度。温度控制器还可以控制样品周围的加热器件,通过冷热调节精准地控制样品的温度。另外,通过调节流量计的阀门可以很好地控制降温和升温的速率以及极低温的条件。因此,在温度为 2.7~350 K 时,温度控制系统可以实现样品温度的连续控制。

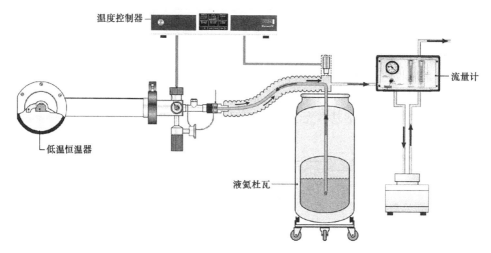

图 2-3   低温光谱测量系统装置示意

2.2   时间分辨光学测量系统

时间分辨光学测量系统可用来研究材料内部辐射跃迁的超快动力学过程。利用该系统可以直接得到发光材料的荧光寿命。当一束脉冲激光照射到材料上时,材料中的原子吸收光子能量后从基态跃迁到了激发态,激发态的原子将通过辐射跃迁的形式回到基态并且伴随着荧光的产生,脉冲激发光消失后,荧光强度从最大值降低到最大值的 $1/e$ 处所需要的时间就是材料的荧光寿命。材料的荧光寿命直接反映辐射跃迁过程和非辐射跃迁过程及其相互竞争的关系。假设 n_0 个原子被激发到激发态,激发态辐射跃迁衰减的速率为 s 以及非辐射跃迁的速率为 k,t 时刻处于激发态的原子数 $n(t)$,那么材料的激发态的衰减速率为 $\mathrm{d}n(t) = -(s+k)n(t)$,进一步地推导可以得到 $n(t) = n_0 \mathrm{e}^{-t/\tau}$,其中 τ 为荧光寿命。又因为材料的荧光强度正比于激发态原子数,上述关系式又可以写为 $I(t) = I_0 \mathrm{e}^{-t/\tau}$,其中 I_0 为刚开始的最大荧光强度。目前,测量荧光寿命的方法包含 5 种:相调制法、频闪技术法、条纹相机法、时间相关的单光子计数法以及上转换的方法。该书中的时间分辨光学测量系统是基于时间相关的单光子计数法的系统。

时间分辨光学测量系统是基于光致发光测量系统搭建起来的。如图 2-4 所示,通过加入触发信号采集器(TDA)、光电倍增管(PMF)以及单光子计数器(PicoHarp 300),该系统实现了荧光寿命的采集。触发信号采集器是用来采集激光脉冲信号的,光电倍增管是用来采集荧光信号的。激光脉冲信号和荧光信号都被送到单光子计数器中,然后该系统基于时间相关的单光子计数法对两路信号进行比对与同步处理。

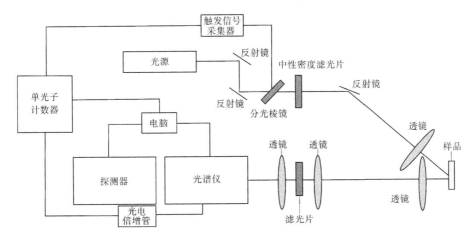

图 2-4　时间分辨测量系统的光路示意

测量和处理过程如下:在 2.1 节中提到,该系统所用的激发光源是飞秒激光器,两个脉冲之间的时间间隔是 13 ns。当一个激光脉冲到达触发信号采集器,单光子计数器立即被触发而后等待由光电倍增管输出的荧光信号。单光子计数器每次只能接收一个光子,当一个荧光光子进入到系统后,系统在这个脉冲周期内不会再接收光子信号。当这次计数周期过后,进入下一个周期的计数。为了避免重复地循环计数,当一个周期计数结束后,单光子计数器将自动停止工作,受设备本身条件的影响,计数周期之间的时间间隔为 90 ns。另外,单光子计数器拥有 65 535 个通道来收集荧光光子信号,也就是把每一个计数周期划分成 65 535 个等时间间隔的通道,当一个荧光光子信号在 t 时刻到达单光子计数器,该时刻对应计数周期的哪个通道,那个通道的光子计数就要累加一个。目前,该测量系统中通道的时间宽度为 4 ps。0~4 ps 代表第一个信号收集通道,4~8 ps 为第二个信号收集通道。每个计数周期中的所有通道与时间轴是完全对应的。因此,通过多次的循环计数,时间分辨光学测量系统就实现了在一个周期内不同时间段光子数分布情况的测试,进而可以得到材料的荧光衰减曲线,再通过指数衰减公式拟合就可精确地获得荧光寿命。

2.3　脉冲强磁场下的光谱测量系统

脉冲强磁场下的光谱测量系统是在 2.1 节中的光谱测量系统的基础上搭建的。将磁场系统与光吸收和光致发光测量系统结合起来,实现磁场信号和光谱信号的同步采集。因此,该系统主要由三部分组成:光谱测量系统、磁场系统和同步信号采集系统。

如图 2-5 所示,首先利用反射镜将激光准直到微型三棱镜上,再通过透镜将激光耦合进光纤。激光通过光纤直接入射到放在磁场系统中的样品上使其受激发而产生荧光。样品的荧光信号被同一根光纤收集并传输出来,再次通过透镜被直接收集到光谱中。

图 2-5 中微型三棱镜的作用尤其重要,一方面,对激光进行准直从而进入到光纤中;另一方面,其微小的形状不会对收集信号光产生很大的影响。另外,在入射光路中放置了电控快门,只有在放电产生磁场时,电控快门才会被触发打开,脉冲磁场消失后,电控快门又会自动关闭,这样保证了样品不被入射激光长时间照射而产生温升。

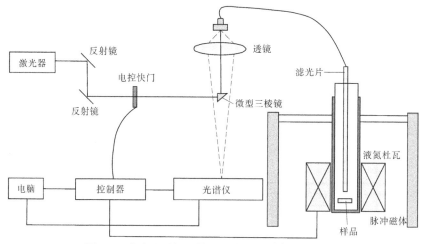

图 2-5　脉冲强磁场下的光致发光测量系统示意图

图 2-5 中的右边部分为磁体系统,主要包含以下四部分:外部液氮杜瓦、脉冲磁体、内部液氦杜瓦以及样品杆装置。脉冲磁体固定在外部液氮杜瓦中,内部液氦杜瓦是安放在脉冲磁体中心的孔径中,而样品杆装置则插在内部液氦杜瓦中。

外部液氮杜瓦是一个具有真空层的不锈钢桶。除了固定脉冲磁体,其主要目的是用来盛放液氮,一方面给磁体装置降温,以防止在放电过程中由于释放大量的热能而发生爆炸;另一方面给样品杆装置中的样品提供一个外部低温环境,迟滞内部氦杜瓦中的液氦挥发。

图 2-6 展示了脉冲磁体的外观及内部结构。脉冲磁体是给样品提供磁场环境,磁体通过两个电极连接到电容器电源模块上,电源模块通过充电产生高达 2 万 V 电压,并在短暂的时间内磁体中产生极高的螺旋电流。最高磁场可以达到 60 T,脉冲宽度约为 100 ms。

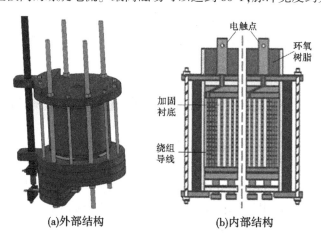

(a)外部结构　　　　**(b)内部结构**

图 2-6　脉冲磁体的外观及内部结构

如图 2-7 所示,内部液氦杜瓦也是具有真空层的不锈钢装置。其尾端的棒状结构直接插入脉冲磁体的中心位置,目的是让样品位置深入到磁体的中心,感应到最强的磁场。另外,内部液氦杜瓦一方面可以固定样品杆装置;另一方面在其腔体中可以注入液氦,给样品提供更低的温度环境。

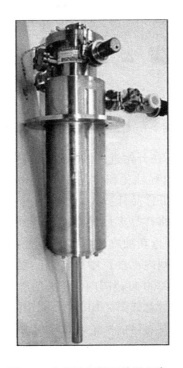

图 2-7　内部液氦杜瓦装置示意

样品杆装置的目的有两个:一个是将所要测量的样品安置到脉冲磁体中心的位置,另一个是连接外部的光学测量系统。样品杆装置的结构示意如图 2-8 所示,样品杆装置的整体结构主要包括光纤、三通接头和不锈钢管三部分。在不锈钢管的末端还连接着放置样品的插头部件。光纤贯穿整个样品杆装置,外接外部的光学测量系统,内部放置样品的插头部件。三通接头是用来将样品插头部件中的温度计、加热丝和磁感应线圈的导线连接到外部采集设备。而不锈钢管用来固定和保护光纤以及导线。

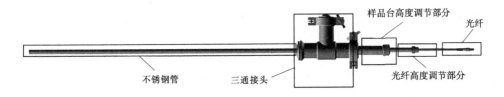

图 2-8　样品杆装置的结构示意图

样品插头部件的结构示意如图 2-9 所示,样品插头部件是由 PEEK 材料制成的,在这个 PEEK 棒插件上包含了加热丝、温度计、磁场线圈以及安放样品的卡槽和样品前的透镜。因此,此装置可以同时采集温度和磁场信号,加热样品的局域位置来控制样品周围的温度。通过光纤的探测光聚焦到样品上,再通过相同的透镜收集到外部设备中,以达到在磁场下完成光致发光的测量。

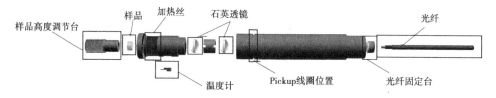

图 2-9　样品插头部件的结构示意

对于磁场系统的使用过程,在开始进行试验之前,先要往外部杜瓦中注入液氮并且淹没脉冲磁体装置。同时,对于内部杜瓦和样品杆装置,先要将其内部真空层抽成真空状态,然后注入少量的氦气,以保证样品杆装置中的样品与外部装置进行热交换。利用外部杜瓦中的液氮环境可以顺利地将样品区域的温度降低到 77 K。如果想进一步得到更低的温度,需将内部杜瓦的真空层重新抽成真空态,以防止在低温条件下外界热量迅速传导至内部杜瓦。其次将液氦导入到内部杜瓦中可将样品温度降低至 4.2 K。另外,利用加热丝还可以将温度控制在 4.2~300 K 范围内的任意值。

同步信号采集系统的结构示意如图 2-10 所示,同步信号采集系统主要目的是采集磁场信号以及相应时间段的光致发光谱信号。该系统利用依次对光谱仪采集和电源模块放电过程的触发,来实现信号的同步。在试验过程中,前期是对电源模块进行充电,当充电结束且在放电前,主控系统会向同步信号采集控制系统传输一个触发信号,该系统会按照预先设置的触发时序依次对光谱仪曝光和电源模块放电发送触发脉冲信号。光谱仪得到触发信号后,将以每秒 1 000 张光谱的速度连续拍摄 400 张光谱,并且拍摄光谱的同时也产生一个反馈信号,这样使每一张光谱在时间轴上都有对应的时刻。电源模块得到放电触发信号后,在磁体中将迅速产生高电压、大电流,进而产生脉冲强磁场,此时,样品杆中的磁场感应线圈将实时地感应磁场的变化,并且以电流的形式传输到数据采集系统。后期通过标定的参数计算得到脉冲磁场强度随时间的变化关系。最终将每一张荧光谱与相应的磁场强度对应起来,进而可以准确地获得材料在不同磁场下的荧光谱。

脉冲强磁场下光吸收测量系统示意如图 2-11 所示。溴钨灯输出白光源,首先,通过一系列透镜耦合到样品杆装置的其中一根光纤中,使白光照射到磁场系统的样品上。然后,透过样品的光通过反射镜进入到样品杆装置的另一根光纤,再通过该光纤将信号光引入到光谱仪中。

相对于脉冲强磁场下的光致发光测量系统,光吸收测量系统在光源以及样品杆装置上存在较大的差异,而在脉冲磁场产生方面及同步信号采集方面是一致的。对于光源的不同,第 2 章 2.1 节已经详细地介绍过。

对于样品杆装置的不同,图 2-12 为光致发光测量系统和光吸收测量系统中样品杆装

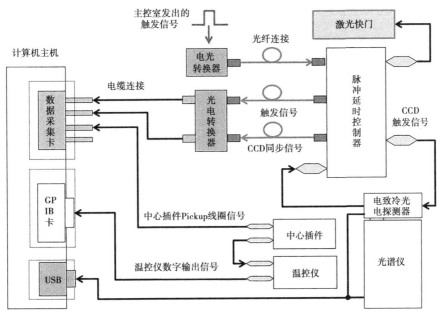

图 2-10 同步信号采集系统的结构示意

置的光路示意。在光吸收测量系统中多引入了一根光纤。对于光致发光测量系统的样品杆装置,样品放在透镜的下方,光源光通过光纤与透镜直接照射到样品的表面产生荧光,荧光又通过相同的透镜和光纤收集。对于光吸收测量系统,样品放置在透镜的上方,白光通过一根光纤先穿过样品,透射光通过透镜聚焦到下方的银反射镜上,利用银反射镜将透射光反射回透镜的另一边,最后耦合另一根光纤收集,导入光谱仪。

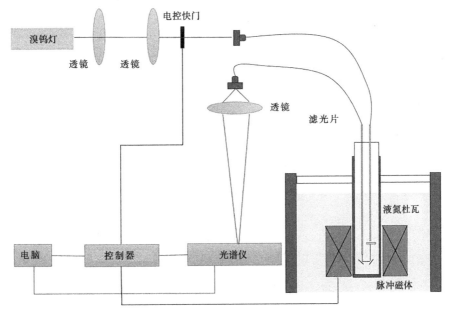

图 2-11 脉冲强磁场下光吸收测量系统示意

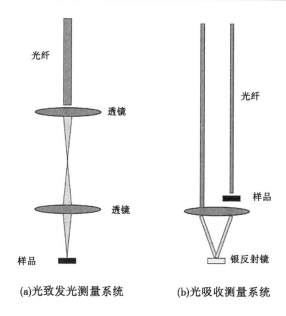

(a)光致发光测量系统　　　　　(b)光吸收测量系统

图 2-12　样品杆装置的光路示意

第 3 章　（CH$_3$NH$_3$）$_2$MnCl$_4$ 钙钛矿单晶的发光特性研究

3.1　概　述

　　近 10 年来,钙钛矿发光材料成为材料科学的研究热点。尤其是卤化铅钙钛矿材料,其拥有非常优异的光学性质,在光电领域有着非常广泛的用途。但由于卤化铅中含有毒性的元素 Pb,从而限制了其大规模应用。Mn 掺杂或替代的钙钛矿材料降低了材料的毒性,并且提高了材料的发光效率以及稳定性,近年来在能源科学、光电子材料器件领域引起广泛关注。

　　40 年前,无 Pb 元素的钙钛矿有机–无机杂化材料已开始被研究,Pb 元素一般被过渡金属元素取代。此阶段的研究主要集中在此类材料的磁性和晶体结构相变。钙钛矿有机–无机杂化材料拥有丰富的磁学性质,对于低维磁性材料体系具有重要意义。另外,钙钛矿有机–无机杂化材料是二维层状结构,其无机层与有机层通过氢键相连接,有机层的重新排布使这一类材料出现很有趣的结构相变现象。以（CH$_3$NH$_3$）$_2$MnCl$_4$ 钙钛矿单晶为例,在温度大于 394 K 时,该材料的结构属于高温四方晶系;在 257～394 K 时,属于室温正交晶系;在 95～257 K 时,属于低温四方晶系;而在温度小于 95 K 时,属于单斜晶系。

　　Mn 基钙钛矿有机–无机材料不仅具有良好的磁学性质,还具有非常优异的发光特性。Bai Xianwei 等探究了 C$_{10}$H$_{12}$N$_2$MnBr$_4$ 和 C$_5$H$_6$NMnBr$_3$ 钙钛矿材料的发光性质,证实了不同晶体场环境中 Mn 离子的光致发光现象存在明显的差异。Zhang Yi 等发现（Pyrrolidinium）MnBr$_3$ 钙钛矿材料同时具有多铁和发光特性,是一种新型的多功能磁光电材料。关于（CH$_3$NH$_3$）$_2$MnCl$_4$ 钙钛矿单晶的光学特性的研究较少。F. Lignou 测量了该材料在不同温度下的发光谱;Nie Zhonghao 等发现该材料拥有非常优异的光电响应特性。而对于（CH$_3$NH$_3$）$_2$MnCl$_4$ 钙钛矿单晶材料的发光机制以及磁性与光学性质之间的关联等方面,仍然存在很多的未知。

　　该书利用脉冲强磁场下的 PL 谱、低温 PL 谱以及磁化和 ESR 等测量手段,系统地研究了（CH$_3$NH$_3$）$_2$MnCl$_4$ 钙钛矿单晶的发光机制。

3.2　（CH$_3$NH$_3$）$_2$MnCl$_4$ 钙钛矿单晶的结构与表征

　　通过蒸发溶剂法合成（CH$_3$NH$_3$）$_2$MnCl$_4$ 钙钛矿单晶样品。图 3-1（a）为该单晶样品的实物图。该单晶样品呈片状结构,大小为 3 mm×4 mm×0.2 mm,颜色呈现淡粉色且对可见光透明。

　　图 3-1（b）为（CH$_3$NH$_3$）$_2$MnCl$_4$ 钙钛矿的空间结构示意。该材料具有二维层状结构,主要包括有机分子层和无机分子层。有机分子层和无机分子层交替排布,无机分子层是由 Mn 离子和 Cl 离子构成的正八面体结构 MnCl$_6$ 在二维平面内有序排列组成。6 个 Cl

离子占据了正八面体的顶点,Mn 离子处于正八面体的中心。其中的 4 个 Cl 离子处在无机分子层的平面内,Mn-Cl 键长为 2.48 Å,另外 2 个 Cl 原子分别处于无机层的上下方,Mn-Cl 键垂直于该平面并且键长为 2.57 Å。有机分子层是由 $CH_3NH_3^+$ 官能团组成的。该官能团在无机分子层的垂直方向上有序排列,每个官能团都通过 N-H⋯Cl 氢键作用与无机分子层连接。

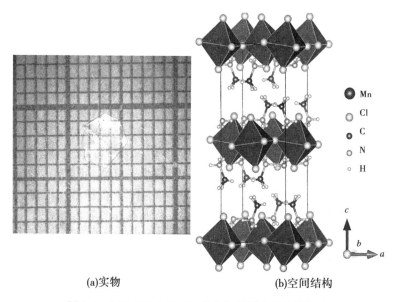

(a)实物   (b)空间结构

图 3-1 $(CH_3NH_3)_2MnCl_4$ 的实物以及空间结构示意

图 3-2 为 $(CH_3NH_3)_2MnCl_4$ 样品的 XRD 图谱。图 3-2 中的 5 个衍射峰分别对应(002)、(004)、(006)、(008)和(0010)晶面,这与前人的研究结果相一致。XRD 图谱中显示只存在(002)系列晶面的衍射峰,而没有出现其他晶向的衍射峰,充分证明该单晶样品在 c 轴方向上有很高的取向性。

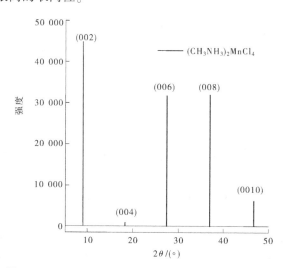

图 3-2 $(CH_3NH_3)_2MnCl_4$ 样品的 XRD 图谱($T=300$ K)

3.3　室温光吸收和发光特性

利用紫外–可见分光光度计测量了（CH₃NH₃）₂MnCl₄ 在室温下的吸收谱,利用荧光光谱仪测量了样品在不同激发光波长下的 PL 谱和发光中心在 600 nm 处荧光激发谱,结果如图 3-3 所示。

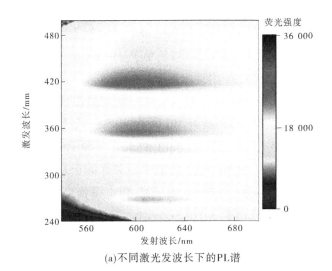

(a)不同激光发波长下的PL谱

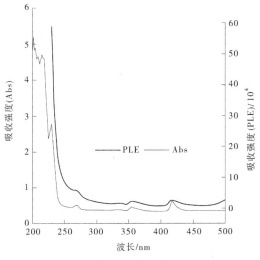

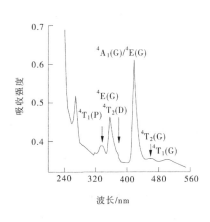

(b)紫外–可见光波段的吸收谱(Abs)以及
发光中心在600 nm处荧光激发谱(PLE)

(c)吸收谱的局部放大图

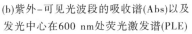

图 3-3　室温(CH₃NH₃)₂MnCl₄ 单晶材料的光学特性

钙钛矿单晶($CH_3NH_3)_2MnCl_4$ 样品展现出高效的光致发光特性,在 418 nm 的紫光照射下,用肉眼即可看到很强的红光。图 3-3(a)展示了样品在不同激发波长下的 PL 谱。发光峰位于 560~680 nm,其半高宽约为 50 nm。纵坐标显示的是激发波长,从纵向看存在多个离散的激发带,其中心激发波长分别在 270 nm、355 nm 以及 420 nm 处。同时,随着激发光波长的变化,发光峰位几乎不变。这种现象明显不同于半导体材料的发光特性,没有观测到半导体带间激发特性。由此推测($CH_3NH_3)_2MnCl_4$ 样品的发光可能来源于离子激发。

图 3-3(b)展示了样品在紫外-可见光波段的吸收谱和发光中心在 600 nm 外的荧光激发谱。从图 3-3(b)中可以明显地看到,在波长小于 240 nm 的紫外波段,该单晶样品的光吸收能力非常强,吸收谱在 240 nm 附近出现明显的吸收边。该吸收边特征可能对应于单晶样品的带边吸收。此外,在 269 nm、355 nm、418 nm 等处出现尖锐的吸收峰。这些吸收峰的峰位与激发谱的峰位完全一致,具有 Mn 离子 3d 轨道跃迁特性。

由以上试验数据分析得到,($CH_3NH_3)_2MnCl_4$ 的荧光来源于单晶中的 Mn 离子的 d-d 跃迁。在此晶体中,无机分子层的 Mn 离子处于中心对称的正八面体 $MnCl_6$ 的中心,其 d-d 跃迁在宇称上是禁阻的;同时,二价 Mn 离子是 d^5 电子构型,在正八面体晶体场中,Mn 离子处于高自旋状态,即 d 轨道上 5 个电子分别自旋平行地处于 5 个非简并轨道上。根据跃迁定则,d-d 跃迁在自旋上也是禁阻的。在一定的温度下,由于分子的振动破坏了分子原有的对称性,打破了自旋和宇称跃迁的禁戒,使 d-d 跃迁成为可能。如图 3-3(c)所示,单晶样品的吸收峰分别对应的是 Mn 离子的基态 $^6A_1$ 到激发态 $^4T_2(G)$、$^4A_1(G)$、$^4E(G)$、$^4T_2(D)$、$^4E(D)$、$^4T_1(P)$、$^4A_2(F)$ 的跃迁。从样品的吸收谱结果可以看出:在 269 nm、355 nm 和 418 nm 处存在吸收峰,但由于跃迁概率比较小,吸收峰的强度很弱。这一特性表明,相对于非对称结构的化合物,d-d 跃迁的概率要小得多。另外,在室温下,微弱的吸收就能产生较强的荧光,说明($CH_3NH_3)_2MnCl_4$ 单晶样品具有较高的量子产率。

为了更进一步确认($CH_3NH_3)_2MnCl_4$ 钙钛矿单晶样品的发光是由无机分子层中的 Mn 离子产生的,该书在不同激发光波长下测量了样品在室温下的荧光寿命。如图 3-4 所示,激发光波长为 269 nm、355 nm 和 418 nm 时,荧光强度 I 随时间 t 的衰减可用指数衰减公式拟合:

$$I(t) = Ae^{-t/\tau} \tag{3-1}$$

式中:τ 为荧光寿命;A 为常数。

利用式(3-1)对数据进行拟合可以得到,在激发光波长为 269 nm、355 nm 和 418 nm 时,荧光寿命分别为 0.39 ms、0.39 ms 和 0.29 ms,与其他 Mn 基化合物中 Mn 离子发光的寿命基本一致。这表明观测到的红光的激发能量来源于 Mn 的 d-d 轨道跃迁。

为了更好地理解($CH_3NH_3)_2MnCl_4$ 吸收谱中的吸收边和吸收峰的来源,利用 VASP 软件,通过第一性原理对单晶的能级结构进行了模拟计算,并得到了总的态密度以及在各个元素各轨道上的态密度分量。如图 3-5 所示,在能带结构图中,粗线代表 Mn 离子对应

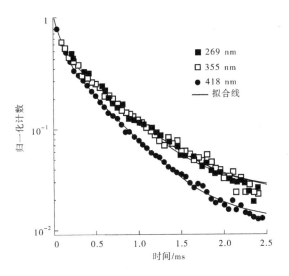

图 3-4　（CH₃NH₃）₂MnCl₄ 在不同激发波长下的时间相关荧光强度衰减结果

的能级。其 3d 轨道能级主要在 - 4.7~-2.5 eV 以及 0~1.7 eV 的范围内有贡献,这正好对应了样品在紫外-可见光波段的吸收峰和 PLE 峰。而 Cl 离子的 3p 轨道贡献的能级最高位置在 - 2.5 eV,Mn 离子的 4 s 轨道贡献的能级最低位置在 +2.64 eV,其能量差正好等于吸收边（240 nm）能量 5.16 eV。这些结果表明（CH₃NH₃）₂MnCl₄ 属于宽禁带半导体,在该书涉及的光学跃迁中,价带由 Cl 离子的 3p 构成,而导带由 Mn 离子的 4s 轨道构成。

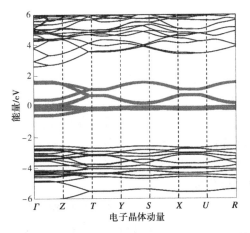

图 3-5　（CH₃NH₃）₂MnCl₄ 的能带结构图以及总的
态密度和在有机官能团和其他各离子轨道上的态密度分量

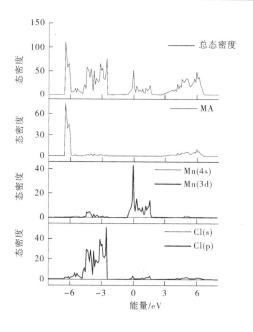

续图 3-5

3.4　低温光吸收和发光特性

在过渡金属化合物中,过渡金属离子的光致发光特性不仅与其所处的晶体场有密切的关系,还依赖于邻近的过渡金属离子和少量的杂质离子。该书利用飞秒激光器作为光源(激发光波长选定在 418 nm),结合低温光致发光测量系统测量了 $(CH_3NH_3)_2MnCl_4$ 的低温 PL 谱。同时利用白光源(波长范围为 350~1 100 nm),结合低温光吸收测量系统测量了单晶的低温吸收谱。更深入地探究了单晶样品的发光机制以及温度对光学性质的影响。

图 3-6 为 $(CH_3NH_3)_2MnCl_4$ 的低温 PL 谱。当温度从 300 K 逐步降低到 4.2 K 时,样品的 PL 强度逐渐增大,同时其发光峰位从 608 nm 移动到 635 nm。另外,当温度降至 90 K 时,在本征发光带的右边明显地出现了一个新的发光带,发光峰的中心波长位置在 680 nm 左右,并且随着温度的降低,发光峰的峰位在不断向蓝色移。这一新的发光现象是由于单晶样品的结构发生了改变而导致的,该书将在后面部分详细讨论。接下来该书先对本征发光带的光谱参数进行分析。

图 3-7 为 $(CH_3NH_3)_2MnCl_4$ 本征发光的荧光强度随温度变化的关系。该变化关系近似指数关系,这一试验结果类似于半导体材料的发光特性。我们利用 Arrhenius 公式拟合上述试验结果,Arrhenius 公式如下:

$$I(T) = I_0 / \left[1 + Ce^{-\frac{\Delta E}{kT}} \right] \tag{3-2}$$

式中:$I(T)$ 为荧光强度;I_0 为最大的荧光强度值;k 为玻尔兹曼常数;ΔE 为荧光热淬灭的激活能;C 为常数。

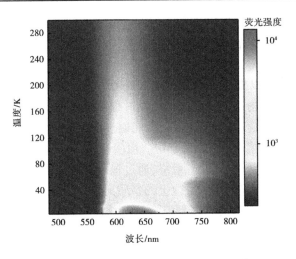

图 3-6 （CH₃NH₃）₂MnCl₄ 的低温 PL 谱

图 3-7 中的曲线是拟合线，发现样品的本征发光强度随温度的变化完整地符合公式(3-2)。以往的研究结果表明，对于大部分离子发光的化合物，当吸收光子能量过程和辐射发光过程在同一个中心离子里完成时，温度对该化合物的荧光强度影响非常小。而对于半导体以及其他有能量转移参与的化合物，其荧光强度受温度的影响非常大。由此可以推断，（CH₃NH₃）₂MnCl₄ 受激发而产生荧光的过程必然有能量转移的参与。另外，由拟合结果得到的样品的荧光热淬灭激活能 ΔE 为 26.1 meV。

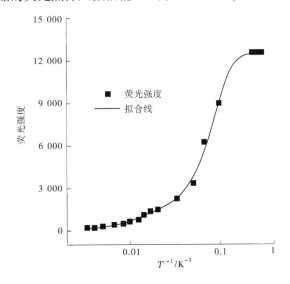

图 3-7 （CH₃NH₃）₂MnCl₄ 的荧光强度随温度的变化关系

单晶化合物中的共振能量传递通过两种方式实现：一种是交换相互作用，另一种是多极子相互作用。当施主与受主原子之间的距离小于 5 Å 时，能量通过交换作用传递。当施主与受主原子之间的距离远大于 5 Å 时，能量则通过多极子相互作用传递。在

（CH$_3$NH$_3$）$_2$MnCl$_4$ 样品中，相邻 Mn 离子之间存在很强的交换相互作用，且其间的距离约为 5 Å。因此，Mn 离子吸收光子能量到达激发态，激发能以激子的形式迅速地传递给邻近的 Mn 离子。

通过以上的分析，可以推断出（CH$_3$NH$_3$）$_2$MnCl$_4$ 的发光机制。（CH$_3$NH$_3$）$_2$MnCl$_4$ 中吸收过程、辐射过程、非辐射过程以及能量传递过程示意如图 3-8 所示，单晶中的 Mn 离子通过 d-d 跃迁吸收光子能量达到激发态，激发能通过 Mn 离子在晶格中不断地传递，然后以激子的形式被局域在缺陷态的 Mn 离子中。由于缺陷态的 Mn 离子的第一激发态能级相对比较低，激发能将不再继续传递。最终，通过辐射跃迁产生荧光。缺陷态的产生是因为在单晶的制备过程中的工艺和配比，微量的杂质离子被引入到单晶中，或者晶格局域扭曲，导致 Mn 离子局域晶体场对称性降低，进而产生缺陷态。

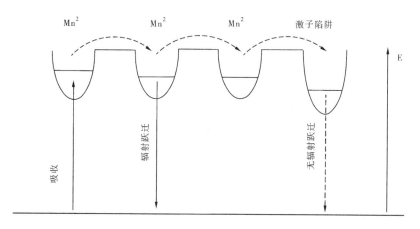

图 3-8　（CH$_3$NH$_3$）$_2$MnCl$_4$ 中吸收过程、辐射过程、非辐射过程以及能量传递过程示意

随着温度的升高，热扰动逐渐增大，当其特征能量大于缺陷态的深度时，部分处在缺陷态的 Mn 离子将激发能传递给更深的缺陷态而产生其他的发光带，或者传递给无辐射跃迁的杂质离子，再或者以无辐射跃迁多声子过程扩散到晶格里。因此，随着温度的升高，单晶样品的荧光强度急剧下降。

为了进一步研究样品内部的能量传递过程，测量了（CH$_3$NH$_3$）$_2$MnCl$_4$ 的变温荧光寿命。图 3-9（a）表明，在不同温度下样品的荧光强度随时间衰减的关系符合单指数衰减规律。利用式（3-1）对试验数据进行拟合，直接得到样品在不同温度下的荧光寿命。

图 3-9（b）中展示了样品的荧光寿命随温度的变化关系。在 4.2 ~ 120 K 的温度范围内，样品的荧光寿命保持在 0.33 ms 附近不变。在温度大于 120 K 时，其荧光寿命开始不断地减小，以致在室温下减小到 0.17 ms。这一变化关系类似于 PL 强度与温度的关系。因此，荧光寿命的变化同样是由热扰动引起的淬灭效应导致的。

由激发态寿命理论可以知道，物质的荧光寿命主要由自发辐射跃迁寿命和无辐射跃迁寿命来决定。样品的荧光寿命可以用以下公式表示：

$$\tau = (W_{\mathrm{R}} + W_{\mathrm{NR}})^{-1} \tag{3-3}$$

式中：W_{R} 和 W_{NR} 分别为自发辐射跃迁概率和无辐射跃迁概率。

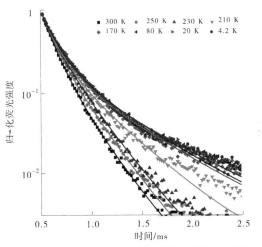

(a)(CH₃NH₃)₂MnCl₄在不同温度下的时间相关
荧光强度衰减结果

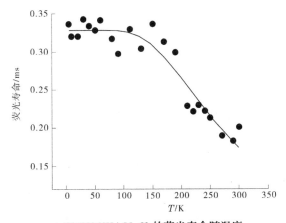

(b)(CH₃NH₃)₂MnCl₄的荧光寿命随温度
变化的关系

图 3-9 （CH₃NH₃）₂MnCl₄ 单晶材料的荧光动力学过程

由样品的变温 PL 结论得到,随着温度的升高,缺陷态 Mn 离子的激发能将通过多种无辐射过程耗散掉。因此,无辐射跃迁过程依赖于温度,其跃迁概率项必然是与温度相关的量,式(3-3)中的 W_{NR} 可用如下公式表示:

$$W_{NR} = pe^{-\frac{\Delta E}{kT}} \tag{3-4}$$

式中:p 为与参与能量迁移的离子之间耦合强度相关的频率系数,又叫频率因子;ΔE 为激子耗散的激活能;其他符号含义同前。

因此,样品的荧光寿命公式又可表示为

$$\tau^{-1} = \tau_R^{-1} + pe^{\frac{-\Delta E}{kT}} \tag{3-5}$$

利用式(3-5)拟合样品的荧光寿命随温度的变化关系,如图 3-9(b)所示,可直接得到激子耗散的激活能 ΔE 是 67.7 meV,这与上述荧光强度随温度变化拟合得到的激活能的值基本一致。因此,进一步证实 $(CH_3NH_3)_2MnCl_4$ 的荧光产生过程中存在能量传递,同时印证了上述推断的发光机制的合理性。

$(CH_3NH_3)_2MnCl_4$ 的光学性质直接取决于二价 Mn 离子的能级结构。不同晶体结构和局域对称性又直接影响 Mn 离子的能级结构。为了探究样品的晶体结构对发光特性的影响,测量了单晶的变温 XRD 谱。如图 3-10 所示,在 $9.1°$、$27.5°$、$37.1°$以及 $46.8°$ 的 4 个衍射峰随温度降低发生一定的偏移。为了清晰地观察衍射峰位的变化,图 3-10(b) 以伪彩图的形式展示了 $9.1°$ 处衍射峰随温度变化的关系。在 $90\sim300$ K 以及 $20\sim80$ K 温度范围内,衍射峰的峰位随着温度的降低有序地向大角度方向偏移,而在温度为 90 K 处,峰位发生明显的突变,表明样品在此温度下发生结构相变。在高温区域(温度大于 90 K),单晶样品的结构是四方晶相;而在低温区(温度小于 90 K),则是单斜晶相。

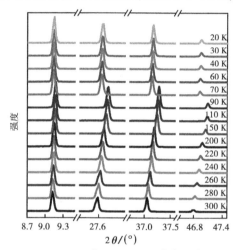

(a)$(CH_3NH_3)_2MnCl_4$在20~300 K温度范围内的XRD谱

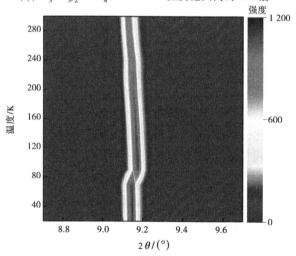

(b)8.7°~9.7°之间的归一化强度的XRD单晶衍射谱

图 3-10　$(CH_3NH_3)_2MnCl_4$ 单晶材料的晶格结构表征

$\qquad$单晶样品从四方晶相转变到单斜晶相,降低了晶格结构的对称性,产生了更深的发光中心。因此,在温度低于 90 K 时,样品在 680 nm 处出现新的发光带。另外,不同的晶体结构也影响单晶样品的吸收峰位和发光峰位的偏移。下文对此进行了详细讨论。

$\qquad$图 3-11(a)为样品在不同温度下 355 nm 和 418 nm 处的吸收峰。随着温度的降低,两吸收峰的峰位均发生一定的偏移。相对于 355 nm 处的吸收峰,418 nm 处的峰强比较强,且峰位变化更加明显,为此我们详细地分析该吸收峰随温度的变化。图 3-11(b)展示了样品的吸收峰(418 nm 处)以及发光峰的峰位能量随温度的变化关系。在温度从 300 K 逐步降低到 100 K 时,发光峰的峰位偏移量约为 0.02 eV,而吸收峰的峰位几乎不变,而当温度从 100 K 降低到 4.2 K 时,两峰位的偏移量分别约为 0.06 eV 和 0.01 meV。这种现象同样是由结构相变导致的。在不同晶格结构中,Mn 离子所受到的晶体场作用不相同,因而使 Mn 离子的能级结构随温度的变化也不相同。

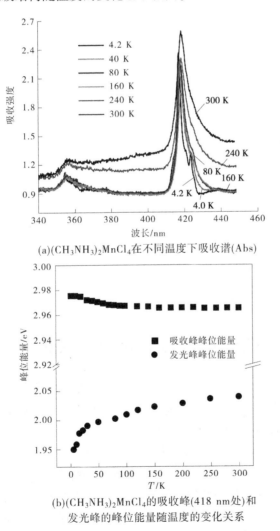

(a)(CH₃NH₃)₂MnCl₄在不同温度下吸收谱(Abs)

(b)(CH₃NH₃)₂MnCl₄的吸收峰(418 nm 处)和
发光峰的峰位能量随温度的变化关系

图 3-11　（CH₃NH₃）₂MnCl₄ 单晶材料在低温下光吸收特性

另外,随着温度降低,样品的发光峰位发生红移,而吸收峰位却发生蓝移。这种变化也完全取决于 Mn 离子周围的晶体场强度 Δ。同时,晶体场强度又取决于中心离子与其周围配体离子之间的距离 R,其一般关系式为 $\Delta \propto R^{-n}$。其中,距离 R 是与温度相关的函数:$R(T) = R(0)(1 + \alpha T)$,$\alpha$ 是材料的线性膨胀吸收系数。因此,晶体场强度 Δ 的表达式为

$$\Delta \propto \frac{K}{R^n} = \frac{K}{R(0)^n(1 + \alpha T)^n} \approx \frac{K}{R(0)^0}(1 - n\alpha T) \tag{3-6}$$

由式(3-6)分析得到,随着温度的降低,Mn 离子受到的晶体场强度增大。二价 Mn 离子是 d^5 电子构型,如图 3-12 所示,结合 Tanabe-Sugano 能级图理论得到,当 Mn 离子周围的晶体场强度增大时,其激发态能级 $^4T_{1g}$ 发生明显地下移,而 $^4A_{1g}$、^4E_g 却发生上移,但其偏移量很小。所以,发光峰的峰位发生红移,而吸收峰的峰位发生蓝移。同时,由式(3-6)分析还得到 Mn 离子与其周围配体离子之间的距离增大,表明样品的晶格发生了膨胀,这一结果与样品的变温 XRD 试验结论相一致。

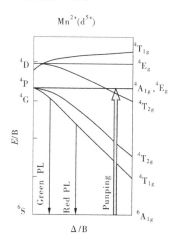

图 3-12　二价 Mn 离子的 Tanabe-Sugano 能级结构示意

3.5　磁性和强磁场下的光吸收和发光特性

为了进一步研究磁相互作用对 $(CH_3NH_3)_2MnCl_4$ 的光致发光特性的影响,仍利用飞秒激光器作为激发光源(激发波长选定为 418 nm),结合脉冲强磁场下的光致发光测量系统测量了样品在强磁场下的 PL 谱。结果如图 3-13 所示。

图 3-13(a)展示了在温度为 4.2 K,外磁场垂直于样品表面且峰值强度为 42 T 时,样品随时间变化的 PL 谱。图 3-13(b)展示了在不同磁场峰值强度下样品的积分荧光强度随时间的变化。随着磁场峰值强度的降低,荧光强度变化的幅度也显著地减小。当磁场峰值强度降低到 12 T 时,荧光强度几乎不随磁场变化。由此可以推断,在外磁场作用下,两种效应共同调制单晶样品的光致发光特性:一种效应使单晶样品的荧光强度增强,另一种效应使样品的荧光强度减弱。磁场强度随时间的变化如图 3-13(c)所示,在脉冲磁场

的上升阶段,随着磁场强度的增大,样品的荧光强度发生瞬间的增强,随之荧光强度逐渐地减小,直到脉冲磁场的下降中段,荧光强度又开始逐渐地增大,最终恢复到无外加磁场时的最初态。很明显地发现,单晶样品的荧光强度在脉冲强磁场的上升阶段和下降阶段呈现非对称性的变化。

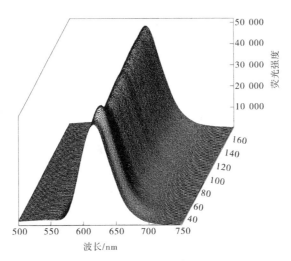

(a)温度为4.2 K且外磁场垂直于样品表面时,(CH₃H₃)₂MnCl₄在峰值强度为42 T下的PL谱

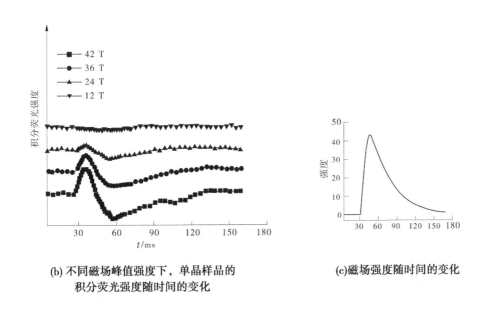

(b) 不同磁场峰值强度下,单晶样品的
积分荧光强度随时间的变化

(c)磁场强度随时间的变化

图3-13　（CH₃NH₃）MnCl₄ 单晶材料的温度和磁场依赖的荧光特性

单晶的光吸收能力直接决定了其荧光强度的变化,为此测量了（CH₃NH₃）₂MnCl₄ 在强磁场下的吸收谱。图 3-14(a) 和(b)分别为脉冲磁场的上升阶段和下降阶段,样品在不同磁场下 418 nm 附近的吸收谱,样品的吸收强度在磁场的上升阶段和下降阶段呈现对称

性的变化,且都随磁场的增强而单调减小。这充分表明在外磁场作用下,样品的光吸收能力减弱,从而使荧光强度发生减小。这一现象是由塞曼效应引起的。

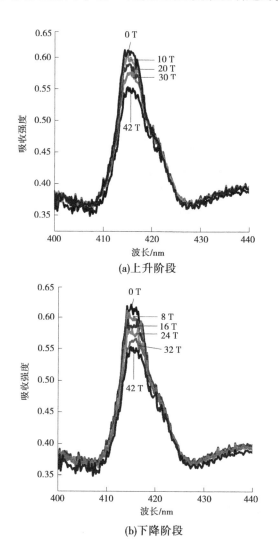

(a)上升阶段

(b)下降阶段

图 3-14　温度为 4.2 K 且外磁场垂直于样品表面时,$(CH_3NH_3)_2MnCl_4$

在不同磁场下 418 nm 处的吸收谱

前人的研究结果表明,在外磁场作用下,Mn 离子的能级会发生分裂。如图 3-15 所示,二价 Mn 离子的基态$^6A_1$和激发态$^4T_1$能级的自旋量子数分别为+5/2 和+3/2。由于塞曼效应,两能级分别分裂成 6 个和 4 个非简并态能级。根据偶极跃迁定则,二价 Mn 离子 d-d 跃迁必须满足 $\Delta S_z = 0$,在跃迁的过程中,激发态到 $\Delta S_z = \pm 5/2$ 态的跃迁受阻。因此,样品的光吸收能力随着磁场强度的增大而减弱,导致其荧光强度在外磁场作用下发生减小。

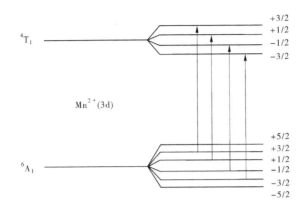

图 3-15　在外磁场作用下,二价 Mn 离子电子跃迁能级图

　　然而,样品的光吸收能力减弱,仅使其荧光强度发生减弱。应该存在另一种效应使样品的荧光强度增强,为此在不同温度下测量了在磁场沿样品两个不同方向的 PL 谱。图 3-16(a) 和(b) 分别展示了在外磁场垂直和平行于样品表面且磁场峰值强度为 42 T,温度为 4.2 K、20 K、40 K、60 K 以及 80 K 时,样品的积分荧光强度随时间的变化。当外磁场垂直于样品表面时,在脉冲磁场的上升阶段,随着温度的升高,单晶样品的积分荧光强度增大的幅度越来越小,直到温度高于 40 K 时,其荧光强度随着磁场强度的增大而单调减小,且与脉冲磁场下降沿阶段的积分荧光强度变化相对称。当外磁场平行于样品表面时,在 4.2~80 K 温度范围内,样品的积分荧光强度在脉冲磁场的上升阶段和下降阶段均呈现出对称性的变化。随着磁场的增强,其积分荧光强度逐渐减弱。这两种现象充分表明磁场对样品积分荧光强度的调制具有各向异性特征。

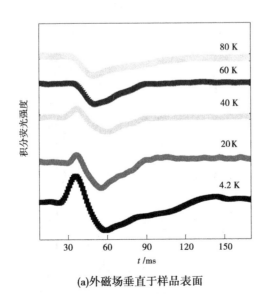

(a)外磁场垂直于样品表面

图 3-16　在不同温度和磁场峰值强度为 42 T 下,(CH₃NH₃)₂MnCl₄ 的积分荧光强度随时间的变化

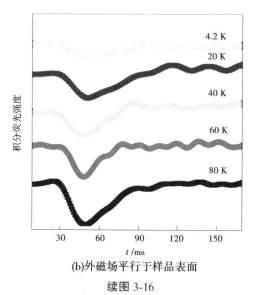

(b)外磁场平行于样品表面

续图 3-16

　　另外,在脉冲磁场消失后,样品的积分荧光强度随时间变化出现微小的振荡现象,这可能来源于极高的电压在很短的时间内通过磁体产生一定的冲力,使样品杆装置出现微小的振动,进而影响样品积分荧光强度的变化。在外磁场垂直于样品表面时,振荡现象不明显。这是由于激光直接照射到样品,使样品杆装置的振动对信号的干扰很小。而在外磁场平行于样品表面时,振荡现象相对比较明显。这是由于激光是通过样品杆装置内部的反射镜间接地照射到样品,从而样品杆装置的振动对信号的干扰相对比较大。

　　由上述变温 PL 试验结论可知,$(CH_3NH_3)_2MnCl_4$ 的荧光来源于缺陷态 Mn 离子的辐射跃迁。因此,单晶样品的荧光强度与缺陷态 Mn 离子的数量有密切的联系。在低温下,相邻 Mn 离子之间存在强的磁相互作用。当受到外磁场作用时,磁相互作用会引起晶格结构变化(被称作磁致应变效应),从而影响样品中的缺陷态 Mn 离子的数量。如图 3-17 所示,

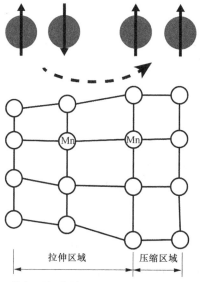

图 3-17　外加磁场条件下,单晶样品晶格变化的示意

在无外加磁场作用下，MnCl₆ 正八面体结构在二维平面内等距排列。在外磁场垂直于样品表面时，样品由反铁磁态转变成铁磁态，使 MnCl₆ 正八面体结构之间产生短暂的排斥或者相吸作用，其二维结构产生局域的拉伸或者压缩。样品中局域位置的对称性发生破缺，使缺陷态 Mn 离子的数量增多，从而使样品的荧光强度增大。外磁场的强度越强，样品晶格的畸变越明显，其荧光强度变化的幅度就越大。

因此，两种效应共同决定了单晶样品的荧光强度的变化：磁致应变效应和塞曼效应。当外磁场刚作用于样品时，磁致应变效应引起缺陷态 Mn 离子的数量急剧增多，其作用效果远大于塞曼效应的作用效果，在试验上观测到单晶样品的荧光强度增强。当经过短暂的拉伸或者压缩过程，晶格恢复到正常的等距结构，塞曼效应占主导地位，使单晶样品的荧光强度发生减弱。而后随着磁场逐渐退去，单晶样品的荧光强度又恢复到最初的状态。在外磁场垂直于样品表面时，随着温度的升高，相邻 Mn 离子之间的反铁磁相互作用逐渐弱化，强磁场导致的磁应变效应慢慢地减弱，以至于在温度为 40 K 以上完全地消失，因此，单晶样品的荧光在高温区域没有增强。然而，在外磁场平行于样品表面时，由于不存在磁致应变效应，单晶样品的荧光强度只随着磁场强度增大而减小。

为了探究样品在低温下的磁性，以印证上述结论，利用 SQUID 测量了（CH₃NH₃）₂MnCl₄ 的磁化。图 3-18（a）为外加磁场分别垂直和平行于样品表面且磁场强度为 1 000 Oe 时，样品在 2~300 K 温度范围内零磁场冷却（ZFC）和加磁场冷却（FC）的摩尔磁化率。当外磁场平行于样品表面时，ZFC 和 FC 摩尔磁化率曲线完全重合，且摩尔磁化率在温度为 47 K 左右时发生明显的增大。而外磁场垂直于样品表面时，ZFC 和 FC 摩尔磁化率曲线在 47 K 左右时发生了明显的分离。这一特性表明该温度点是单晶样品的磁性相变温度点。在温度 150 K 以上，在两个方向上摩尔磁化率随温度的变化一致，都符合居里-外斯定律，公式如下：

$$\chi_{\mathrm{M}} = C/(T - T_{\mathrm{C}}) \tag{3-7}$$

式中：χ_{M} 为摩尔磁化率；T 为温度；C 为样品的居里常数；T_{C} 为居里-外斯温度。

由式（3-7）拟合可以得到，C 等于 7.42 cm³/（mol·K），T_{C} 等于 -192.4 K。再通过居里常数 C，还可计算得到样品的有效磁矩为 4.90 μ_{B}/Mn²⁺，与 d⁵ 电子构型的二价 Mn 离子的高自旋的理论值一致。此外，居里-外斯温度是负值，充分说明了在无机层平面内，相邻的 Mn 离子之间存在很强的反铁磁相互作用。随着温度的降低，磁化率在 80 K 处呈现一个极大值，且变化的速率比较小，和以前许多二维类钙钛矿杂化材料的磁化现象一致，充分表明样品属于低维磁性材料体系。当温度进一步降低到 47 K 时，样品发生了磁性相变，其磁化率随温度的变化在两个轴向上呈现相反的趋势，这种磁各向异性的行为预示着易磁化轴的存在。当外磁场垂直于样品平面时，样品的磁化率随着温度的降低连续地减小，并且在最低温处近似等于 0，这证实了易磁化轴方向沿着垂直于样品表面的方向（c 轴方向）。而当外磁场垂直于样品平面时，磁化率强度在 47 K 附近出现极小值后随着温度降低而持续增强。这是由于磁性相变使单晶中 Mn 离子的自旋发生倾斜，自旋不再严格地沿着易磁化轴的方向。因此，无机层平面内出现了弱铁磁性，进而导致样品磁化率的增大。除此以外，在磁场方向垂直或者平行于样品平面，磁化率在温度 94 K 时都出现了突变，这与上述该样品的变温 XRD 试验结果相一致，证明了单晶在此温度点处发生了结构相变。

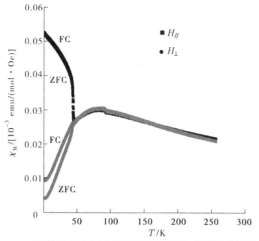

(a)外磁场分别垂直和平行于样品表面且磁场强度
为1 000 Oe时,(CH₃NH₃)₂MnCl₄的摩尔磁化率
随温度变化的关系

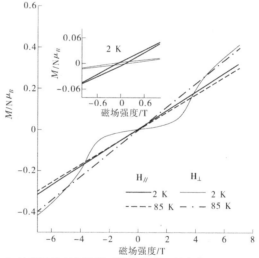

(b)外磁场垂直和平行于样品表面,温度为2 K和85 K时,
单晶样品的磁化强度随磁场变化的关系(插图为2 K
温度时低磁场范围内磁化强度的变化)

图 3-18 (CH₃NH₃)₂MnCl₄ 单晶材料各向异性的磁特性

图 3-18(b)为(CH₃NH₃)₂MnCl₄ 在温度为 2 K 和 85 K 时磁化强度随磁场的变化关系,磁场强度范围是−7~7 T。温度为 2 K 且磁场垂直于样品表面时,在−4~4 T 的磁场强度范围内,样品的磁化强度随着磁场的增大呈现"S"形的变化,在磁场强度为 3.5 T 时出现明显的拐点,表明二价 Mn 离子的自旋在该磁场强度下发生翻转。自旋在该方向的翻转也证明了单晶样品的易磁化轴垂直于无机层的平面。而当磁场平行于样品表面时,样品的磁化强度随磁场的变化呈现线性的关系,这是典型的顺磁态表现。但放大样品在低磁场下磁化强度的数据,如图 3-18(b)插图所示,样品在零场附近出现微小的磁滞现象,且磁化强度变化的速率相对比较快,充分表明样品在低温下存在弱铁磁相互作用,在温度为 85 K 时,在两个轴向上磁化强度随磁场的变化均呈现线性的关系。表明样品在此温度

下处于顺磁态。

为了清晰地了解（CH$_3$NH$_3$）$_2$MnCl$_4$ 在低温下的磁结构，测量了样品在不同频率下的 ESR 谱。图 3-19（a）和（b）为磁场分别平行和垂直于单晶样品易磁化轴时，单晶样品在

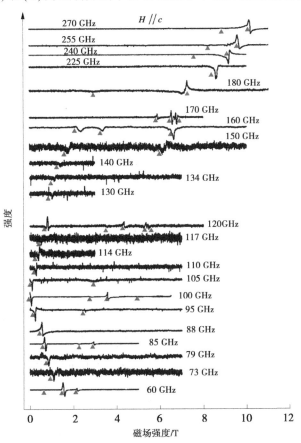

(a)(CH$_3$NH$_3$)$_2$MnCl$_4$在平行轴向上频率相关的ESR谱

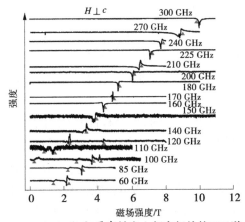

(b)(CH$_3$NH$_3$)$_2$MnCl$_4$在垂直轴向上频率相关的ESR谱

图 3-19　（CH$_3$NH$_3$）$_2$MnCl$_4$ 单晶材料在温度 4.2 K 下磁结构表征

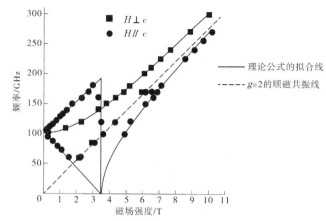

(c)单品样品在不同轴向上共振信号频率与磁场强度的关系

续图 3-19

微波频率为 60~300 GHz 和磁场强度为 0~11 T 下的 ESR 谱,图中三角形的位置代表样品的共振信号。图 3-19(c)为共振信号频率与外磁场强度的关系。在磁场强度小于 3.5 T 且磁场方向平行于易磁化轴时,共振信号频率随磁场的变化出现两个完全不同的分支,并且均呈现线性关系,而对于另外一个轴向,共振频率在整个磁场范围内连续变化且呈现出非线性的关系,这是典型的单轴反铁磁性样品的反铁磁共振模式。对于磁场平行于易磁化轴轴向,共振频率在 3.5 T 处发生了突变且在以后呈现非线性变化,这是单晶样品中二价 Mn 离子自旋翻转导致的。先前的理论研究结果表明,当交换相互作用(H_e)远远大于各向异性相互作用(H_a)时,单轴反铁磁样品的反铁磁共振频率用以下三个公式来表达:

$$h\nu/(g\mu_B) = \sqrt{2K_u/\chi_\perp + [\chi_\parallel H/(2\chi_\perp)]^2} \pm H[1 - \chi_\parallel/(2\chi_\perp)] \quad (H \ // \ c, H < H_{SF})$$
(3-8)

$$h\nu/(g\mu_B) = \sqrt{H^2 - 2K_u/\chi_\perp} \quad (H \ // \ c, H > H_{SF})$$
(3-9)

$$h\nu/(g\mu_B) = \sqrt{H^2 + 2K_u/\chi_\perp} \quad (H \perp \ c)$$
(3-10)

式中:h 为普朗克常数;g 为朗德因子;μ_B 为玻尔磁子;K_u 为各向异性常数;H_{SF} 为自旋翻转对应的临界磁场点;$\chi_\perp$ 为磁场垂直于 c 轴的磁化率;$\chi_\parallel$ 为磁场平行于 c 轴的磁化率;H 为磁场强度。

当温度远远低于磁性相变点的温度时,单晶样品在磁场平行于易磁化轴上的磁场率强度远远小于垂直于易磁化轴上的磁化率,因此,式(3-8)又可以写成:

$$h\nu/(g\mu_B) = \sqrt{2K_u/\chi_\perp} \pm H \quad (H \ // \ c, H < H_{SF})$$
(3-11)

如图 3-19(c)所示,实线表示理论公式的拟合线。利用式(3-11)拟合得到,单晶样品自旋翻转的临界场是 3.54 T。在图 3-19(c)中 3.54 T 处的竖线代表临界场共振模式。从图 3-19(c)中清晰地看到,理论公式与试验数据是高度一致的,表明观测到了理论上预测的反铁磁共振模式,证实了在低温下(CH_3NH_3)$_2$$MnCl_4$ 的无机分子层中 Mn 离子的自旋

平行于易磁化轴 c 方向,且相邻离子之间存在强的反铁磁相互作用。而不同分子层的 Mn 离子之间的相互作用是非常弱的,几乎可以忽略不计。

3.6　本章小结

有机-无机杂化钙钛矿单晶（CH_3NH_3）$_2MnCl_4$ 材料拥有优异的发光特性。通过低温 PL 谱、脉冲强磁场下的 PL 谱、温度和磁场依赖的磁化以及不同频率下的 ESR 谱系统地研究了该单晶材料的发光特性。

在室温下,该样品的吸收谱在紫外波段 240 nm 处出现的吸收边以及在 269 nm、355 nm 和 418 nm 处出现微弱的吸收峰,结合基于第一性原理计算的总的态密度以及在各个原子轨道上的分量,证明了该样品属于宽带隙半导体材料,吸收边来源于价带的 Cl 离子的 3p 轨道到导带 Mn 离子的 4s 轨道的跃迁,而吸收峰来源于 Mn 离子 3d 轨道内的跃迁。样品在 600 nm 处出现很宽的发光带,发光带的寿命在毫秒量级。同时,发光带中心位置 600 nm 的激发谱与单晶样品的吸收谱完全一致,意味着单晶材料吸收特定波长的激光才能被激发进而产生荧光。充分证明了样品的发光来源于单晶中的 Mn 离子激发。

对低温 PL 谱进行分析得到,样品的荧光强度随着温度的降低而急剧增大,表明该样品不同于一般的离子发光的化合物。其辐射跃迁过程中有能量传递的参与:单晶样品中 Mn 离子吸收光子能量而被激发到激发态,由于 Mn-Mn 离子之间的相互作用,激发态的 Mn 离子又将能量传递给了邻近的 Mn 离子,最终能量被限制在缺陷态的 Mn 离子的位置而产生荧光。进一步通过变温荧光寿命的测量,发现样品的荧光寿命随着温度降低而逐渐增大直到低温区的不变,这一变化也充分证明了上述能量传递过程和发光机制。

对强磁场下的 PL 谱进行分析得到,磁场分别沿着单晶样品平面和垂直样品平面,荧光强度的变化出现了明显的差异。在垂直于样品平面方向,随着磁场强度的增强,样品的荧光强度出现瞬间的增强,而后又逐渐减小。而在平行于样品平面时,单晶样品的荧光强度随磁场的增强单调减小。充分表明磁致应变效应和塞曼效应共同调控单晶样品的荧光强度。磁致应变效应使样品的荧光强度增强:在低温下,样品的无机层中 Mn 离子的自旋通过反铁磁相互作用严格地沿着垂直于样品表面有序地排列。在外磁场垂直于样品表面时,Mn 离子的自旋发生翻转,这一个过程导致相邻 Mn 离子之间的相互作用不一致。因此,样品的局域位置的晶格发生畸变,产生更多缺陷态 Mn 离子,从而导致荧光强度瞬间增大。同时,塞曼效应使样品的荧光强度减弱:在外磁场作用下,Mn 离子的激发态和基态能级发生分裂,禁阻了部分跃迁通道,进而降低样品的荧光强度。

最后,由磁化以及不同频率下的 ESR 结果分析得到,在低温下样品表现出反铁磁态,并且当外磁场平行于易磁化轴方向时,样品在 3.5 T 处发生明显的自旋翻转转变。由此证实了,磁场调控单晶样品光致发光强度变化的机制。

第 4 章　Mn 离子掺杂 $CsPbCl_3$ 钙钛矿纳米晶的发光特性研究

4.1　概　述

钙钛矿纳米晶材料是现今材料科学的研究热点,具有高量子产率、窄发光带以及在可见光范围带隙可调节等优点,在太阳能电池、光电转换器件、照明和显示等领域具有很高的应用价值。其中,全无机 $CsPbX_3$（X 代表 Cl、Br、I）钙钛矿纳米晶材料的量子产率更是高达 90%,与钙钛矿有机−无机杂化材料相比,具有较高的化学稳定性,即使长时间暴露在空气中,仍具有高效的发光特性。因此,该类材料得到了材料科学家们的广泛关注。

然而,全无机 $CsPbX_3$ 钙钛矿纳米晶中含有毒性的 Pb 元素,限制了其大规模的应用。因此,利用其他元素掺杂或替代是一种理想的方法,不仅可以降低材料的毒性,还可以进一步改善全无机 $CsPbX_3$ 钙钛矿纳米晶材料的光学性质。Mn 离子可以取代 Pb 离子,使此类全无机材料不仅具有高效、稳定的发光特性,还具有磁性。

Mn 掺杂 $CsPbX_3$ 钙钛矿纳米晶拥有两个发光带,分别是位于蓝光区域的激子发光带和红光区域的 Mn 离子发光带。从能级结构上看,Mn 离子的发光能量来源于激子能到 Mn 离子激发态的能量传递。调制两个发光带的强度大小对于其在光电探测领域具有一定的应用价值。两个发光带的强度比值取决于激子的复合概率和能量传递概率。如果激子复合的概率减小,能量传递到 Mn 离子的概率就会增大,从而引起激子发光减弱和 Mn 离子发光增强。在 $CsPbX_3$:Mn^{2+} 量子点材料中,Mn 离子处于中心对称的正八面体结构中,由于光学跃迁选择定则使其 d−d 跃迁通道受到禁阻。但在高温区域,当电子与奇振子模式的声子耦合时,Mn 离子所处的正八面体结构出现对称性破缺,从而允许 d−d 跃迁。此时,非辐射跃迁概率在高温下较大,Mn 离子的发光较强。随着温度的降低,该耦合急剧地减弱,Mn 离子的荧光强度也迅速减弱。当温度降低到接近于 0 K 时,Mn 离子的发光带是否还存在,到目前为止这个问题是未知的。Mn 离子掺杂 $CsPbX_3$ 钙钛矿材料体系不同于以前的 Mn 离子掺杂 Ⅱ～Ⅵ族半导体材料,在后者的材料体系中,Mn 离子处于非对称的晶体结构中,即使温度降低至液氦沸点（4.2 K）,Mn 离子的发光仍存在。

基于空间和自旋相关的跃迁选择对 Mn 离子掺杂 $CsPbX_3$ 钙钛矿材料中能量传递过程的影响,通过强磁场下的 PL 谱、变温 PL 谱、磁化率以及变温 XRD 测量手段深入地研究了 $CsPbCl_3$:Mn^{2+} 纳米晶材料在低温下激子与 Mn 离子之间能量传递的机制。

4.2　Mn 离子掺杂 CsPbCl₃ 钙钛矿纳米晶的结构和表征

通过热注入法合成了具有不同 Mn 离子浓度的 $CsPbCl_3:Mn^{2+}$ 纳米晶样品。$CsPbCl_3$ 晶体属于典型的钙钛矿结构。如图 4-1 所示，Pb 离子与周围邻近的 6 个 Cl 离子形成正八面体，Cs 离子位于排列有序的正八面体的空隙中，呈 12 配位结构。过渡金属 Mn 离子取代正八面体中的 Pb 离子。Mn 离子的掺杂浓度以反应物中 Mn 离子与 Pb 离子的摩尔比来调制，讨论 5 种样品的摩尔比分别为 0、1.2、2.5、5 和 10。下文分别以 Mn0、Mn1.2、Mn2.5、Mn5 和 Mn10 来表示相应浓度的纳米晶样品。

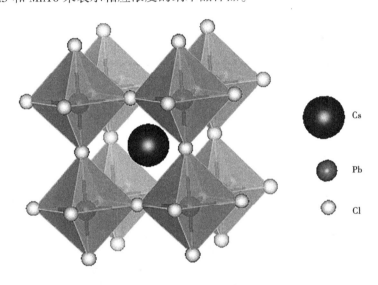

图 4-1　$CsPbCl_3$ 晶体的结构示意

为了研究 $CsPbCl_3:Mn^{2+}$ 纳米晶的晶体结构，测量了室温下的 XRD 谱。图 4-2 为 Mn0、Mn2.5 和 Mn10 的 XRD 谱以及 $CsPbCl_3$ 晶体的标准衍射峰（PDF#18−0366）。Mn0、Mn2.5 的衍射峰位与 $CsPbCl_3$ 晶体的标准衍射峰位相一致。相对于 Mn0、Mn2.5 的衍射峰的峰位向大角度方向发生偏移，并且其峰宽变宽。这是由于 Mn 离子的半径小于 Pb 离子的半径，当 Mn 离子掺入到晶格中，$CsPbCl_3$ 晶体的晶格会发生收缩。然而，Mn10 的衍射峰位与 $CsPbCl_3$ 单晶的标准峰位存在很大的差异，这是由于过量的 Mn 离子导致 $CsPbCl_3$ 晶体的结构被破坏，从而出现多余的衍射峰以及部分衍射峰的缺失。

晶格的收缩导致纳米晶颗粒大小的减小。为此利用透射电镜观测了不同浓度样品的形貌。图 4-3 为 Mn0、Mn2.5 和 Mn10 的透射电镜图片。Mn2.5 纳米晶颗粒的大小比较均匀且排列有序，而 Mn0 和 Mn10 纳米晶颗粒的大小分布相对比较差，充分表明适量 Mn 离子的掺杂使 $CsPbCl_3$ 晶体的结构更加稳定，纳米晶的质量也被显著提高。而当掺杂浓度过量时，$CsPbCl_3$ 纳米晶的结构会遭到破坏。通过计算得到 Mn0、Mn2.5 和 Mn10 纳米晶颗粒大小的平均尺寸分别为 27 nm、10 nm 和 7 nm。随着 Mn 离子浓度的增大，实际纳米晶颗粒的大小单调地减小,这与 XRD 中峰宽的变化趋势相一致。

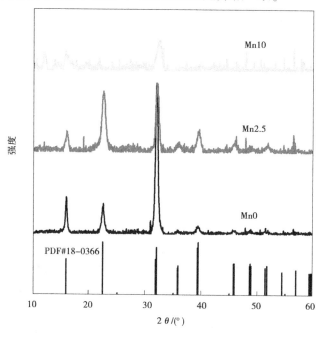

图 4-2　Mn0、Mn2.5 和 Mn10 在室温下的 XRD 谱和 $CsPbCl_3$ 晶体的标准衍射峰位

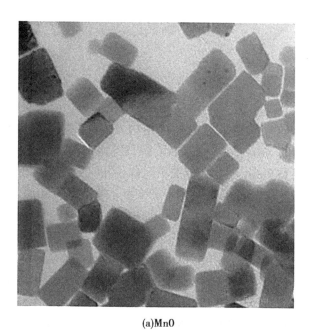

(a)Mn0

图 4-3　$CsPbCl_3:Mn^{2+}$ 纳米晶的透射电镜图片

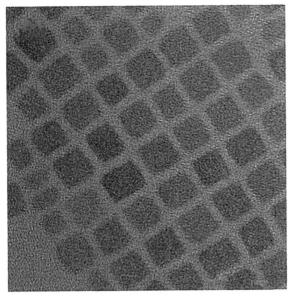

(b)Mn2.5

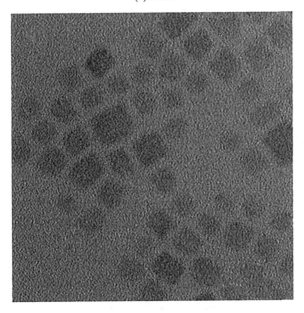

(c)Mn10

续图 4-3

4.3　室温光吸收和发光特性

为了探究 CsPbCl₃:Mn²⁺ 纳米晶的发光特性,首先利用紫外–可见分光光度计和荧光光谱仪测量了纳米晶样品在室温下的光致发光谱、吸收谱和荧光激发谱,结果如图 4-4

所示。

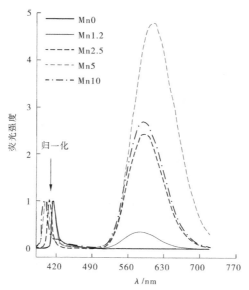

(a)Mn0、Mn1.2、Mn2.5、Mn5和Mn10的光致发光谱

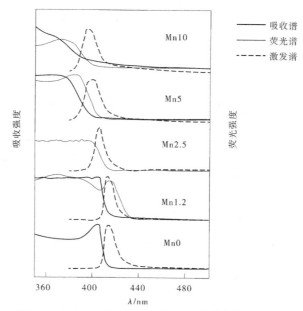

(b)Mn0、Mn1.2、Mn2.5、Mn5和Mn10的吸收谱
和离子的荧光激发谱及纳米晶的本征激子发光谱

图 4-4 CsPbCl$_3$:Mn^{2+}纳米晶的室温光谱

图 4-4(a)为不同浓度样品在可见光波段的光致发光谱。Mn0、Mn1.2、Mn2.5、Mn5 和 Mn10 均在 400 nm 处的蓝光区域出现发光峰,其峰宽非常窄,半高宽约为 100 meV,这明显是 CsPbCl$_3$ 半导体的激子发光。纳米晶样品吸收光子能量将价带中的电子激发到导带

上产生电子空穴对,该电子空穴对被称为激子,激子复合产生荧光。而 Mn1.2、Mn2.5、Mn5 和 Mn10 还在 600 nm 处的红光区域出现发光峰。该峰相对比较宽,其半高宽约为 220 meV,这是典型的二价 Mn 离子发光。激子在复合的过程中,部分能量以辐射跃迁的形式产生了本征发光,而另外部分能量则以非辐射跃迁的形式传递到 Mn 离子,使二价 Mn 离子中处于基态 $^6A_1$ 的电子被激发到第一激发态 $^4T_1$,然后通过辐射跃迁的形式回到基态并发出荧光。

　　如果不考虑其他非辐射跃迁过程,激子-Mn 离子的能量传递效率可等效为 Mn 离子与激子的荧光强度比。随着 Mn 离子浓度的增大,Mn0~Mn5 样品的相对荧光强度不断增大。而对于 Mn10 样品,相对荧光强度反而明显地降低。这充分说明在适量掺杂的纳米晶样品中,随着 Mn 离子浓度的增大,激子与 Mn 离子之间的能量传递效率逐渐增大,使 Mn 离子的荧光强度增强而激子的荧光强度减弱。对于掺杂过量的纳米晶样品,CsPbCl₃ 晶体的晶格在一定程度上遭到破坏,影响了激子与 Mn 离子之间的能量传递过程,反而使激子与 Mn 离子之间的能量传递效率减小。

　　随着 Mn 离子浓度的增大,激子发光峰的峰位从 418 nm 移动到 398 nm,这一蓝移现象是由尺寸效应导致的。同时,对于适量掺杂的纳米晶样品,Mn 离子发光峰的峰位发生明显红移,这是由于 Mn 离子间的相互作用使其激发态能级降低,导致第一激发态与基态之间的能量差减小。而对于掺杂过量的纳米晶样品,由于大量 CsPbCl₃ 纳米晶的晶格被破坏,实际掺入到晶格中的 Mn 离子不多。因此,Mn10 样品中 Mn 离子的发光峰的峰位反而发生了蓝移。

　　如图 4-4(b)所示,每个样品均表现出带边吸收特征。随着 Mn 离子浓度的增大,纳米晶样品的吸收边发生明显蓝移,这与样品的激子发光峰的蓝移现象相一致,均由尺寸效应所引发。相对于吸收边,每个样品的激子发光峰都发生微小红移,这种红移现象被称为 stokes 位移,充分证明了纳米晶样品在蓝光区域的发光带是由电子空穴对复合产生的。相对于纳米晶样品的吸收谱,Mn 离子的荧光激发谱出现微小的红移,表明当激发能大于 CsPbCl₃ 半导体的带隙能时,二价 Mn 离子都能产生红光,充分证明 Mn 离子发光的能量来源于激子能到 Mn 离子激发态的能量传递。

　　为进一步探究 CsPbCl₃:Mn²⁺ 纳米晶样品在室温下的光学性质,测量了 Mn0、Mn2.5 和 Mn10 样品中激子和 Mn 离子发光的荧光寿命。激子的荧光寿命是利用飞秒激光器作为激发光源结合时间分辨的荧光寿命系统测得的,飞秒激光的脉冲宽度为 130 fs,重复频率为 76 MHz,激发波长为 360 nm。Mn 离子的荧光寿命是通过荧光光谱仪测得的。

　　如图 4-5 所示,激子的荧光寿命在纳秒量级,而 Mn 离子的荧光寿命在毫秒量级。相对于 Mn0,Mn2.5 中激子的荧光寿命明显增大。这是由于部分激子能量传递给 Mn 离子,使激子的非辐射跃迁的概率增大,从而导致激子的荧光寿命增加。然而,当掺杂离子浓度进一步增大,Mn10 纳米晶样品中激子的荧光寿命明显减小,充分表明当 Mn 离子过量时,由于 CsPbCl₃ 晶体的结构被破坏,激子的荧光寿命发生不规律的变化。而 Mn 离子之间的交换相互作用随着 Mn 离子浓度的增大而增大,使 Mn 离子的荧光寿命单调地减小。

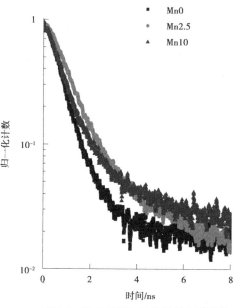

(a)Mn0、Mn2.5和Mn10纳米晶中激子的
时间相关的荧光衰减结果

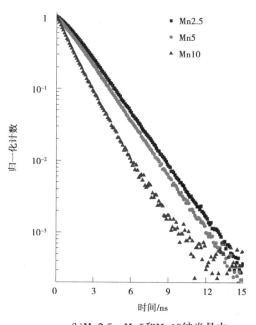

(b)Mn2.5、Mn5和Mn10纳米晶中
二价Mn离子的时间相关荧光衰减结果

图 4-5　CsPbCl$_3$:Mn^{2+}纳米晶材料的荧光动力学过程

4.4　低温光吸收和发光特性

为了深入研究 CsPbCl₃:Mn²⁺ 纳米晶样品中激子与 Mn 离子之间的能量传递过程,利用飞秒激光器作为激发光源(激发波长选定在 360 nm),并结合低温光致发光测量系统测量了不同 Mn 离子浓度的样品在低温下的 PL 谱。

图 4-6 展示了 Mn0、Mn1.2、Mn2.5 和 Mn5 的变温 PL 谱。Mn0 纳米晶样品只展现出位于 400 nm 处的激子发光峰。在 4.2~300 K 的温度范围内,激子的 PL 强度随着温度的降低而不断增强,其发光峰的峰宽也不断地变窄。Mn1.2、Mn2.5 和 Mn5 纳米晶样品展现出两个发光峰:激子发光峰和二价 Mn 离子的发光峰。在温度从 300 K 逐步降低到 80 K 时,激子的 PL 强度不断地增大,而 Mn 离子的 PL 强度却不断地减小。对于 Mn1.2 和

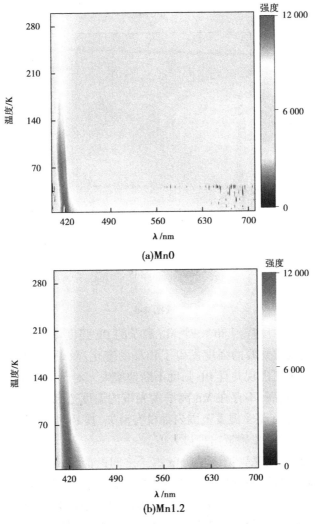

图 4-6　不同温度下 CsPbCl₃:Mn²⁺ 纳米晶样品的光致发光谱

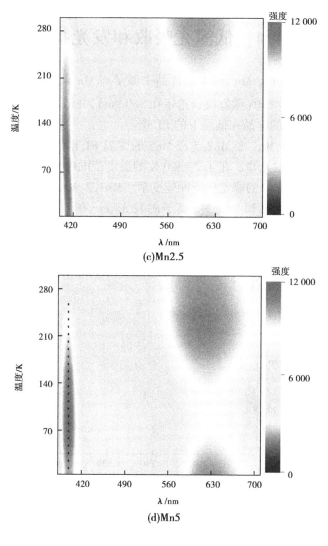

(c)Mn2.5

(d)Mn5

续图 4-6

Mn2.5 纳米晶样品,当温度降到 80 K 时,Mn 离子的 PL 强度降到了 0。在温度从 60 K 逐步降低到 4.2 K 时,两发光峰的强度发生了相反的变化:激子的 PL 强度不断地减小,而 Mn 离子的发光带又重新出现并且 PL 强度不断地增大。对于不同 Mn 离子浓度的纳米晶样品,Mn 离子的浓度越高,不存在 Mn 离子发光带的温度范围越小。Mn5 纳米晶样品中二价 Mn 离子的发光带在整个温度范围内都没有消失,其 PL 强度在 80 K 时呈现最小值,相应激子的 PL 强度在 80 K 附近出现最大值。

　　由上述试验得到,温度影响激子与 Mn 离子之间的能量传递过程。对于半导体材料而言,两个因素影响着激子的荧光强度与温度之间的关系:一个是电子与声子之间的相互作用,另一个是半导体材料晶格的变化。这两种因素可通过激子荧光光谱参数的变化反映出来,为此详细分析了掺杂与未掺杂纳米晶的荧光强度、发光峰的半峰宽以及发光峰峰位随温度的变化。

在半导体材料中,激子的 PL 强度随温度的升高而急剧减小,这一变化关系一般可用 Arrhenius 公式拟合,公式如下:

$$I/I_0 = 1/\left(1 + C_1 e^{-\frac{E_1}{kT}} + C_2 e^{-\frac{E_2}{kT}}\right) \quad (i = 1,2) \tag{4-1}$$

式中:I 为激子的荧光强度;I_0 为在 4.2~300 K 温度范围内激子荧光强度的最大值;k 为玻尔兹曼常数;E_i 为激子的激活能,$i = 1,2$;C_i 为常数,$i = 1,2$。

如图 4-7(a)所示,首先利用单指数形式的 Arrhenius 公式拟合了 Mn0 纳米晶样品中激子的 PL 强度与温度的关系,很明显地看到拟合结果非常不理想。然而双指数形式的 Arrhenius 公式却能完整地拟合激子 PL 强度随温度变化的关系,充分证明 Mn0 纳米晶样品中存在两种激子复合跃迁过程。由拟合结果可以分别得到两种复合过程的激子结合能:$E_1 = 52.2$ meV,$E_2 = 5.4$ meV。以前的研究结果表明,CsPbCl₃ 半导体纳米材料中的激子属于 Wannier-Mott 型,其激子结合能约是 75 meV。该书中 CsPbCl₃ 纳米晶样品的 E_1 激子结合能与前人的结果在同一个数量级,说明了该激子也是 Wannier-Mott 激子。

图 4-7(b)为 Mn2.5 样品中激子和二价 Mn 离子的 PL 强度随温度变化的关系。激子的复合过程与激子到 Mn 离子的能量传递过程存在明显的竞争关系。在高温下,由于热效应的影响,激子复合的速率比较慢,激子到 Mn 离子的能量传递速率占主导地位,因此,Mn 离子的 PL 强度比较大。随着温度的降低,热涨落的作用减小,激子复合的速率要远远大于能量传递给 Mn 离子的速率,致使激子的 PL 强度增强,而 Mn 离子的 PL 强度减弱。在不考虑激子的其他非辐射跃迁过程的情况下,或者认为其他非辐射过程不受温度的影响时,激子和二价 Mn 离子的 PL 强度分别可以用修正的 Arrhenius 公式拟合,公式如下:

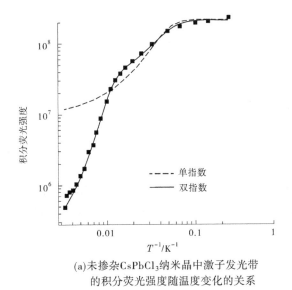

(a)未掺杂CsPbCl₃纳米晶中激子发光带
的积分荧光强度随温度变化的关系

图 4-7　CsPbCl₃:Mn²⁺纳米晶材料的荧光谱参考参数的温度依赖性

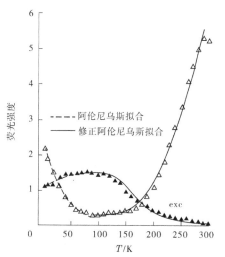

(b)Mn2.5纳米晶样品中激子发光带和二价Mn
离子发光带的荧光强度随温度变化的关系

续图 4-7

$$\frac{I_{\text{exc}}(T)}{I_{\text{exc}}(0)} = \frac{k_{\text{exc}} + k_{\text{ET}}}{k_{\text{exc}} + k_{\text{ET}} + A\text{e}^{-E_a/(k_B T)}} \tag{4-2}$$

$$\frac{I_{\text{Mn}}(T)}{I_{\text{Mn}}(0)} = \frac{k_{\text{exc}} + k_{\text{ET}}}{k_{\text{exc}} + k_{\text{ET}} + A\text{e}^{-E_a/(k_B T)}} \times \frac{k_{\text{ET}} + A\text{e}^{-E_a/(k_B T)}}{k_{\text{ET}}} \tag{4-3}$$

式中：$I_{\text{exc}}(T)$ 和 $I_{\text{Mn}}(T)$ 分别为不同温度下激子和 Mn 离子的荧光强度；$I_{\text{exc}}(0)$ 和 $I_{\text{Mn}}(0)$ 分别为激子和 Mn 离子在 0 K 时的荧光强度；k_{exc} 和 k_{ET} 分别为激子复合发光的速率和激子与 Mn 离子之间的能量传递速率；E_a 为热激发的能垒，在一般情况下，E_a 作为拟合中的常数项可设为 840 cm^{-1}。

激子复合的速率大约在 10^{10} s^{-1} 的量级，激子到二价 Mn 离子的能量传递速率在 10^8 s^{-1} 的量级。从图 4-7 中可以清晰地看到，在 80 ~ 300 K 的温度范围内式（4-2）和式（4-3）的拟合结果非常好，表明在此温度范围内，热涨落决定了 CsPbCl$_3$：Mn^{2+}钙钛矿纳米晶样品中的能量传递过程。

当温度低于 80 K 时，激子与 Mn 离子的 PL 强度随温度的变化关系呈现出与上述相反的变化趋势。尝试利用自己推导的 Anti-Arrhenius 公式拟合激子和 Mn 离子的 PL 强度变化，公式如下：

$$I_{\text{exc}}(T) = A \frac{k_{\text{exc}}}{k_{\text{exc}} + k_{\text{ET}}\text{e}^{-BT}} \tag{4-4}$$

$$I_{\text{Mn}}(T) = C \frac{k_{\text{ET}}\text{e}^{-DT}}{k_{\text{exc}} + k_{\text{ET}}\text{e}^{-DT}} \tag{4-5}$$

式中,能量传递速率 k_{ET} 与温度依赖项 e^{-BT} 相关。

从图 4-7 中可以看到,式(4-4)和(4-5)完整地拟合了激子和 Mn 离子的 PL 强度变化。由拟合结果得到,参数 B 和 D 的值相同且都等于 0.026。在这里,由于拟合公式是自定义的,参数值并没有实际的物理意义。但拟合结果充分表明了在温度低于 80 K 时,激子复合过程与激子到 Mn 离子的能量传递过程仍然是竞争关系,能量传递的速率仍与温度密切相关,但不再受热效应影响。

同时,还讨论了 Mn0 样品中两种激子的类型。图 4-8(a)和(b)分别为未掺杂 CsPbCl$_3$ 纳米晶样品在温度 300 K 和 4.2 K 下的变功率 PL 谱。激子发光带展现出两个发光峰,正好对应于上述提到的两种激子复合过程。在不同温度下,荧光强度随功率变化的速率存在明显的差异。尤其是在低温下,随着激子发光功率的增大,低能量发光峰的强度变化更加缓慢。由激子的 PL 强度随功率变化的速率可判断激子的类型。对两个发光峰的强度随功率的变化进行线性拟合,可得到斜率分别为 1.01 和 1.13。斜率结果都近似等于 1,证明了两种激子的结合能虽然不同,但都属于自由激子。

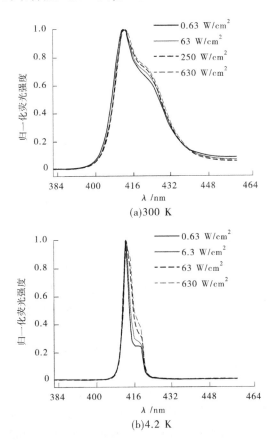

(a)300 K

(b)4.2 K

图 4-8　Mn0 纳米晶样品在不同温度下的变功率 PL 谱

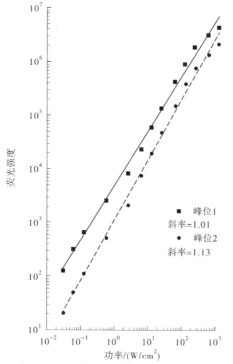

(c)温度4.2 K时两个发光峰的荧光强度随功率的变化关系

续图 4-8

　　下面继续讨论 CsPbCl$_3$:Mn^{2+} 样品发光峰的半峰宽和峰位随温度的变化。图 4-9(a)
为 Mn0、Mn2.5 和 Mn5 样品中激子发光峰的峰位随温度的变化。对于 Mn0 纳米晶样品,
在温度从 300 K 逐步降低到 200 K 时,其峰位发生微小的蓝移。而当温度进一步降低时,
峰位又发生明显的红移。该红移现象是由于 CsPbCl$_3$ 纳米晶的带隙随着温度的降低而发
生了收缩。另外,Mn0 纳米晶样品的变温吸收谱也可证明这种现象。峰位的偏移与纳米
晶样品的晶体结构有直接的联系。根据前人的研究,CsPbCl$_3$ 晶体在温度为 200 K 时发生
结构相变。因此,再过激子发光峰峰移的方向发生了转变。在 Mn2.5 和 Mn5 纳米晶样品
中,Mn 离子的引入不仅弱化了 CsPbCl$_3$ 纳米晶的结构转变还抑制了带隙的收缩。因此,
激子发光峰峰移的幅度逐渐减小,且峰移方向的转变也不明显,从而使 Mn5 纳米晶样品
的峰位在整个温度范围内都几乎不变。

　　晶格振动对半导体中电子的运动产生扰动,使半导体中激子发光峰的半峰宽随温度
的升高而发生展宽。因此,通过探究不同温度下激子发光带半峰宽的变化,可以直接了解
半导体材料中激子与声子之间的相互作用。图 4-9(b)为 Mn0、Mn2.5 和 Mn5 样品的激子
发光带的半峰宽随温度的变化关系。对于 Mn0 纳米晶样品,激子发光带的半峰宽随温度
降低而单调减小,对于 Mn2.5 和 Mn5 纳米晶样品,随着温度的降低,激子发光带的半峰宽
开始出现明显的减小,随后几乎保持不变。根据以前的文献报道,在半导体材料中,激子
发光带的半峰宽随温度变化的关系符合 Segall 关系,公式如下:

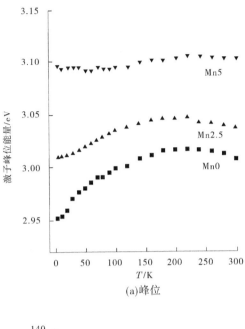

(a)峰位

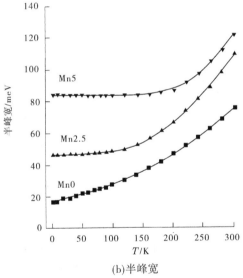

(b)半峰宽

图 4-9　Mn0、Mn2.5 以及 Mn5 纳米晶样品中激子发光峰的峰位和半峰宽随温度变化的关系

$$FWHM_{ex} = W_0 + C_{CA}T + C_{LO}/(e^{E_{LO}/(k_BT)} - 1) \tag{4-6}$$

式中:$FWHM_{ex}$ 为激子发光带的半峰宽;T 为温度;C_{CA} 为激子–声子耦合系数;C_{LO} 为激子–纵向光学声子耦合系数;k_B 为玻尔兹曼常数;W_0 为本征和非均匀展宽常数项,主要是由于激子与激子之间的相互作用、晶格的紊乱或者激子与掺杂离子之间的相互作用而引起的散射;E_{LO} 为声子能量。

　　从图 4-9(b)中可以清晰的看到,式(4-6)可描述 3 个样品的半峰宽随温度的变化。

由拟合结果得到,Mn0、Mn2.5 和 Mn5 的 C_{CA} 参数值分别为 0.12 meV/K、0.02 meV/K 和 0 meV/K,E_{LO} 分别为 45.8 meV、59.3 meV 和 93.1 meV。对于 Mn0,在 4.2~300 K,本征和非均匀展宽常数项、激子-声学声子耦合系数和激子-纵向光学声子耦合系数都对激子发光带半峰宽的变化作出贡献。而对于 Mn2.5 和 Mn5,激子发光带半峰宽的变化主要来源于本征和非均匀展宽常数项和激子-纵向光学声子耦合系数。同时,在 Mn2.5 和 Mn5 中,激子发光峰的半峰宽在低温区域不受温度影响而保持固定值,而在高温区域随温度呈现明显的改变,这充分表明了本征和非均匀展宽常数项在低温区域起主导作用,而激子-纵向光学声子耦合系数在高温区域起主导作用。

综合以上分析得到,激子发光峰的峰强、峰位以及半峰宽在高温区域和低温区域均展现出不一样的变化规律,表明 $CsPbCl_3:Mn^{2+}$ 纳米晶样品在不同温度区域的发光机制不相同。

Mn 离子的光谱参数随温度变化的规律在高温区域与低温区域也有类似的差异。图 4-10(a) 为 Mn2.5 和 Mn5 中 Mn 离子发光峰的峰位随温度的变化关系。在温度从 300 K 逐渐降低到 120 K 时,其发光峰的峰位均发生明显的红移,这是由于 $CsPbCl_3$ 纳米晶的晶格收缩使 Mn 离子周围的晶体场强度变大,从而引起其激发态能级向下移动。而当温度低于 120 K 时,其 Mn2.5 样品的峰位几乎没有发生改变,而 Mn5 样品的峰位出现较大的蓝移,其峰移量约为 0.02 eV。这一现象可能是纳米晶样品的结构相变导致的,或者是因为 Mn 离子之间的相互作用在此温度下超越了热效应的作用,引起了发光峰峰移方向的改变。

图 4-10(b) 为 Mn2.5 和 Mn5 样品的 Mn 离子发光带半峰宽随温度的变化。随着温度的降低,两样品的半峰宽单调减小。根据前人的研究,在二价 Mn 离子掺杂 Ⅱ-Ⅵ族的稀磁半导体材料中,由于热效应的影响,其半峰宽随温度的变化可用以下关系描述:

$$\text{FWHM}_{Mn} = W_0^{Mn} \sqrt{\coth\left(\frac{E}{k_B T}\right)} \tag{4-7}$$

式中:W_0^{Mn} 为温度为 0 K 时的拟合宽度;E 为基发态$^4T_1$ 到基态$^6A_1$ 跃迁过程中耦合的声子能量;其他符号含义同前。

拟合结果如图 4-10(b) 所示,在温度大于 100 K 时,半峰宽随温度变化的关系完整地符合式(4-7),在低温区域理论与试验有较大的差异。由拟合结果可以得到,Mn2.5 和 Mn5 纳米晶样品中 Mn 离子由激发态$^4T_1$ 到基态$^6A_1$ 跃迁过程中耦合的声子能量分别为 27.6 meV 和 29.3 meV,该试验结果与 Mn 离子掺杂 Ⅱ~Ⅵ族半导体材料的研究结果相一致。这充分表明在温度大于 100 K 时,热效应影响激子到 Mn 离子的能量传递。

综上分析,由激子发光的光谱参数随温度的变化以及二价 Mn 离子发光的光谱参数随温度的变化的结论均可得,在高温区域,纳米晶样品中激子与二价 Mn 离子之间的能量传递过程是受热效应影响的,这也与前人相关的研究结果一致。而在低温下,能量传递过程受另外一种效应调控。

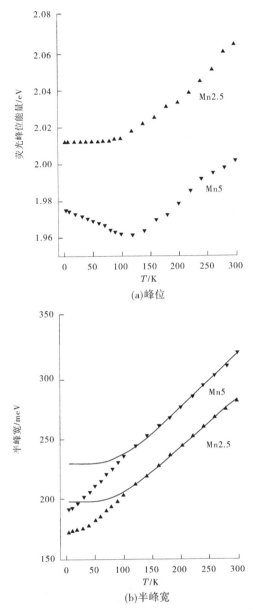

图 4-10　CsPbCl₃ : Mn²⁺ 纳米晶样品中二价 Mn 离子发光谱参数随温度变化的关系

4.5　磁性和强磁场下的发光特性

对于低温下纳米晶的发光机制,首先推测其可能在温度 60 K 附近发生结构相变,从而导致激子到 Mn 离子的能量传递通道被打开。在 CsPbCl₃ : Mn²⁺ 纳米晶样品中,Mn 离子处于空间对称性结构中,并且二价 Mn 离子是 d⁵ 电子构型,由于自旋和宇称的跃迁禁阻原则,Mn 离子的第一激发态 ⁴T₁ 到基态 ⁶A₁ 的跃迁是不允许的。假如结构相变打破了纳

米晶样品中 $MnCl_6^{4-}$ 正八面体结构的对称性,进而允许 Mn 离子中激发态到基态的跃迁,同时纳米晶样品中导带和价带上的电子可以与 Mn 离子中的电子产生交换相互作用。激子能量又可以传递给二价 Mn 离子,使 Mn 离子的发光带重新出现,同时伴随着激子的荧光强度减弱。

为了验证上述的推理机制,测量了 $CsPbCl_3:Mn^{2+}$ 纳米晶样品的变温 XRD 谱。图 4-11 为 $CsPbCl_3:Mn^{2+}$ 纳米晶样品在不同温度下的 XRD 谱。对于 Mn0,随着温度的降低,其衍射峰的峰位向小角度方向发生明显偏移,且在温度低于 200 K 时发生了劈裂。而对于 Mn2.5,其衍射峰的峰位向大角度方向发生微小的偏移。相对于 Mn0 纳米晶样品,Mn2.5 纳米晶样品的衍射峰发生展宽,这是由于该纳米晶的尺寸比较小导致的。

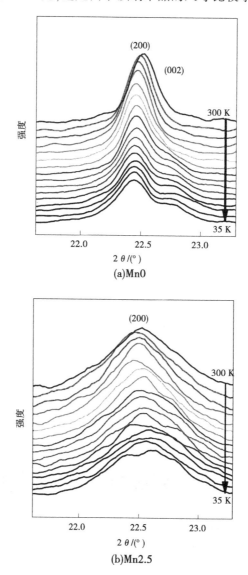

图 4-11 $CsPbCl_3:Mn^{2+}$ 纳米晶样品在不同温度下的 XRD 谱

通过 3 个不同的衍射峰(200)、(002)和(321),计算得到纳米晶样品在不同温度下的晶格常数,其随温度变化的关系如图 4-12 所示。在温度 200 K 时,Mn0 纳米晶样品的晶格常数 c 突然减小,表明样品在该温度点发生结构相变,其结构从四方晶相转变到正交晶相,这与前人的研究结果一致。在温度小于 200 K 时,Mn0 和 Mn2.5 纳米晶样品的晶格常数均无明显地突变,且在温度小于 100 K 时,其晶胞体积也一直保持定值,这两点充分证明了 Mn0 和 Mn2.5 纳米晶样品在温度为 60 K 时均未发生结构变化。因此,在低温区域,激子到二价 Mn 离子的能量传递过程不是由结构相变引起的。

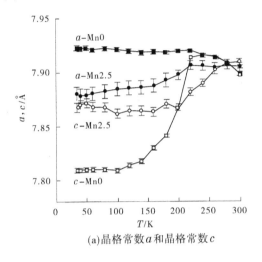

(a)晶格常数 a 和晶格常数 c

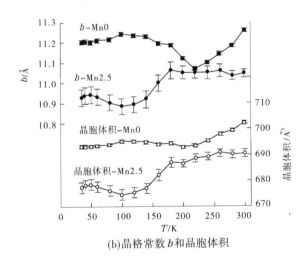

(b)晶格常数 b 和晶胞体积

图 4-12　CsPbCl₃:Mn²⁺ 纳米晶样品在不同温度下的晶格常数和晶胞体积

推测是局域位置的结构变化影响了样品在低温下的发光特性。假如在低温下,相邻 Mn 离子之间形成较强的磁相互作用,在局域的范围内打破了 $MnCl_6^{4-}$ 正八面体结构的对称性,使对称性破缺位置的 Mn 离子与 CsPbCl₃ 半导体中导带和价带中的电子发生 sp-d 交换相互作用,这样低温下大量的激子又会将能量传递给 Mn 离子,使二价 Mn 离子产生

红光。因此激子到 Mn 离子能量传递的概率增大必然会引起 CsPbCl₃ 半导体中激子复合
跃迁的概率减小,激子发光的强度减小。Mn 离子掺杂的纳米晶样品的变温寿命结果也能
很好地证明该现象。

如图 4-13 所示,对于 Mn0 纳米晶样品,在 4.2~300 K 温度范围内激子的荧光寿命保
持在 0.6 ns 附近。而对于 Mn2.5 纳米晶样品,在温度大于 200 K 和小于 60 K 时激子的

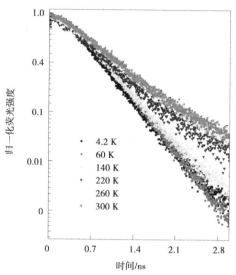

(a)Mn2.5纳米晶样品在不同温度下的
时间相关的荧光衰减结果

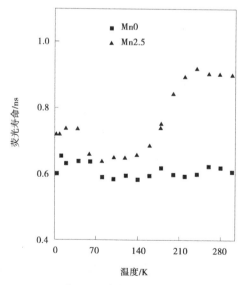

(b)Mn0和Mn2.5纳米晶样品在不同温度下的
荧光寿命随温度变化的关系

图 4-13　CsPbCl₃:Mn²⁺纳米晶材料在低温下荧光动力学过程

荧光寿命分别保持在 0.9 ns 和 0.7 ns，均大于 Mn0 纳米晶样品的荧光寿命。而在 70~180 K 的温度范围内，Mn2.5 的荧光寿命与 Mn0 的荧光寿命相一致。能量传递过程引起纳米晶样品中激子的荧光寿命增大，充分证明了在低温下，激子传递能量给 Mn 离子使其产生荧光。

　　因此，在很大程度上认为 Mn 离子之间的磁相互作用和局域的 Mn 离子位置对称性破缺，增强了低温下激子与二价 Mn 离子之间的能量传递。XRD 测量手段可以容易地探测到材料晶格结构的变化，但无法探测磁相互作用引起的局域对称性变化。为此，利用 SQUID 测量了所有纳米晶样品的磁化率，通过探究纳米晶样品在低温下的磁性来进一步了解其发光机制。

　　图 4-14(a) 为 CsPbCl₃:Mn²⁺纳米晶样品的磁化率随温度变化的关系。可以明显地看到，样品的磁化率随着温度降低而不断地增大。在温度大于 100 K 时，其变化关系服从居里–外斯定律，公式如下：

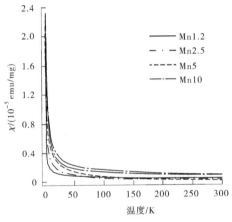

(a)CsPbCl₃:Mn²⁺纳米晶样品的磁化率

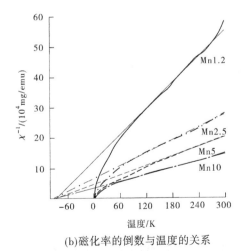

(b)磁化率的倒数与温度的关系

图 4-14　CsPbCl₃:Mn²⁺纳米晶材料的磁特性

$$\chi = C/(T - T_C) \tag{4-8}$$

式中:χ为磁化率;C 为纳米晶样品的居里常数;T 为绝对温度;T_C 为居里-外斯温度。

　　为了方便拟合试验数据,将磁化率取倒数。如图 4-14(b)所示,利用式(4-8)拟合得到,所有纳米晶样品的居里外斯温度大致相同,约为-80 K。这充分表明在低温下纳米晶样品内形成了 Mn-Mn 离子对,并且 Mn 离子之间的耦合作用属于反铁磁相互作用,这种交换相互作用要远远大于此时的热激发能量。

　　另外,选择 Mn2.5 纳米晶样品进行了变温 EPR 测量,详细地探究了局域晶体场以及自旋相关的相互作用。如图 4-15 所示,在室温下,EPR 谱呈现出典型的洛伦兹线型。随着温度的降低,共振峰慢慢展宽,由于电子与原子核的耦合作用,超精细结构也逐渐显现。哈密顿函数可以很好地拟合纳米晶样品在低温下的 EPR 数据:

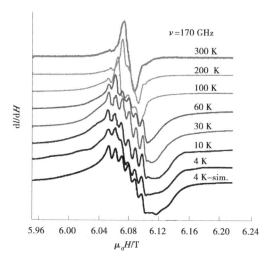

(a)Mn2.5纳米晶样品在不同温度下的EPR谱线

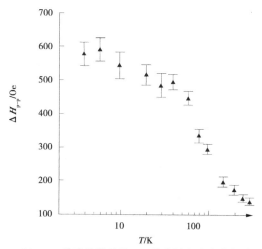

(b)Mn2.5纳米晶样品的EPR线宽随温度变化的关系

图 4-15　$CsPbCl_3$:Mn^{2+} 纳米晶材料的电子自旋共振谱的温度依赖特性

$$H = g\mu_{\mathrm{B}} \boldsymbol{H} \cdot \boldsymbol{S} + D(S_z^2 - S^2/3) + A\boldsymbol{S} \cdot \boldsymbol{I} \tag{4-9}$$

式中:D 为轴向晶体场参数;S_z 为自旋在 z 方向的分量;S 为电子自旋磁矩;A 为超精细常数;I 为原子核磁矩。

在 4 K 温度下,利用式(4-9)拟合得到相应的参数结果:朗德因子 g 等于 2.000,超精细常数 $A = 87(1)$ GS 以及轴向晶体场参数 $D = 0.015$ cm^{-1}。相当大的轴向晶体场参数 D 值说明了在远离二价 Mn 离子原子核的位置,未成对的电子聚集形成局域化状态,这种局域化状态则是由于自旋与自旋之间的相互作用导致的。

利用 EPR 谱的线宽可研究自旋-自旋弛豫时间。其关系如下:

$$\Delta H \propto 1/T_2 = 1/(2T_1) + 1/T_2' \tag{4-10}$$

式中:T_1 为自旋-晶格弛豫时间;T_2' 为实际的自旋-自旋弛豫时间。

在掺杂 Mn 离子的半导体材料中,实际的自旋-自旋弛豫时间与温度无关,而自旋-晶格弛豫时间与温度有密切关系。由式(4-10)得到,当温度大于 80 K 时,EPR 线宽随着温度的降低单调的增大,这是由自旋-晶格相互作用导致的。另外,激子发光带和二价 Mn 离子发光带的半峰宽随着温度的降低不断地减小,也证明自旋与晶格之间存在很强的相互作用。在温度小于 80 K 时,EPR 的线宽几乎没有发生变化,这意味着存在一个固有的短自旋弛豫,这个弛豫只可能是相邻 Mn 离子之间的自旋-自旋弛豫。据此可推断,Mn 离子之间的自旋相互作用改变了 Mn 离子的局域对称性。

反铁磁相互作用调控激子与二价 Mn 离子之间的能量传递过程,这一机制还可以通过强磁场下的光致发光谱来验证。利用氩离子激光器作为光源(激发波长选定在 363 nm),结合脉冲强磁场下的光致发光测量系统测量了纳米晶样品在不同磁场下的 PL 谱。如图 4-16 所示,对于 Mn0 纳米晶样品,随着磁场强度的增强,激子的荧光强度增大了 8%,这是由于磁场引起激子波函数的收缩,压制了非辐射跃迁过程。对于 Mn2.5 和 Mn5 纳米晶样品,随着磁场强度的增强,激子的荧光强度分别增大了 40% 和 55%,而 Mn 离子的荧光强度却减小了 20% 和 40%,充分证明了磁场抑制了激子到 Mn 离子的能量传递过程。

磁场从两个方面来抑制纳米晶样品内部的能量传递过程:一方面,在外磁场作用下,由于塞曼效应,二价 Mn 离子的基态和激发态能级将分别分裂成 6 个和 4 个非简并的能级,根据光学跃迁选定则 $\Delta S_z = 0$,激发态到基态 $S = \pm 5/2$ 能级的跃迁受到阻止,从而抑制了能量传递过程。以前的科学研究报道过相类似的现象:在 CdSe:Mn^{2+} 半导体纳米材料中,当外加磁场强度达到 7 T 时,激子到二价 Mn 离子的能量传递过程被完全地抑制。另一方面,在低温下,相邻的 Mn 离子形成反铁磁相互作用的 Mn-Mn 离子对。在外磁场作用下,Mn-Mn 离子对的反铁磁序被打破,使激子与 Mn 离子之间的能量传递过程被抑制。这充分验证了 Mn-Mn 离子对中的反铁磁相互作用增强激子与 Mn 离子之间能量的传递过程。

图 4-17 展示了激子和 Mn 离子的 PL 强度随磁场变化的关系。随着 Mn 离子浓度的增加,激子发光增强和 Mn 离子发光减弱的现象更加地明显,这意味着掺杂浓度越高,磁场对能量传递过程的抑制越明显。在低温下,Mn 离子的浓度越高,形成 Mn-Mn 离子对的概率就越大。在外加磁场下,更多的 Mn-Mn 离子进入铁磁态,从而对能量传递过程产

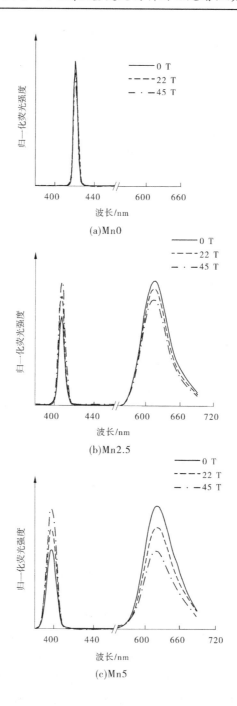

图 4-16　在温度 4.2 K 下,Mn0、Mn2.5 和 Mn5 在不同磁场下的荧光谱

生更强的抑制效果。这充分表明反铁磁相互作用引起的效果要远远大于塞曼效应产生的效果。

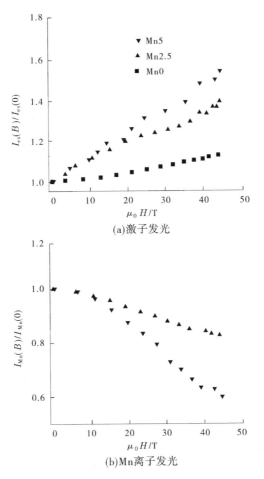

(a)激子发光

(b)Mn离子发光

注:$I_{x8}(B)$为磁场下激子荧光强度,$I_{ex}(0)$为零场下激子荧光强度。

图 4-17　在温度 4.2 K 下,Mn0、Mn2.5 和 Mn5 中的激子发光强度和
Mn 离子的荧光强度随磁场变化的关系

另外,还对比了不同温度下磁场对纳米晶样品的荧光强度的调控行为。

图 4-18 展示了 Mn2.5 和 Mn5 纳米晶样品在温度为 200 K 和 4.2 K 下 Mn 离子与激子的相对荧光强度随磁场的变化关系。在温度为 200 K 时,相对荧光强度在整个磁场范围内几乎不变。而在温度为 4.2 K 时,两种样品的相对荧光强度分别减小了 30% 和 60%。这说明了热效应引起的能量传递过程与反铁磁相互作用引起的能量传递过程完全不同。在高温区域,即使磁场强度高达 45 T,由电-声子相互作用引发的激子与 Mn 离子之间的能量传递过程不受磁场的影响。而在低温区域,磁相互作用主导激子向 Mn 离子能量的传递过程。

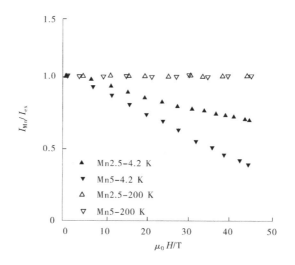

图 4-18　在温度 200 K 和 4.2 K 下，Mn2.5 和 Mn5 中 Mn 离子与
激子的相对荧光强度随磁场变化的关系

4.6　本章小结

　　该书利用热注入法合成了不同 Mn 离子浓度掺杂的 $CsPbCl_3$:Mn^{2+} 纳米晶样品，通过低温 PL 和光吸收、脉冲强磁场下的 PL 以及磁化率和 EPR 等测量手段，研究了低温下激子与二价 Mn 离子之间的能量传递过程和相关物理机制。

　　首先，在室温下测量了不同 Mn 离子浓度纳米晶样品的吸收谱和 PL 谱，发现适量的 Mn 离子掺杂不仅可以提高 $CsPbCl_3$ 纳米晶的稳定性还可以增强其荧光效率。Mn 离子的荧光激发谱的测量表明了激子与 Mn 离子之间的能量传递过程的存在。

　　其次，该书对掺杂 Mn 离子的纳米晶样品进行低温 PL 的测量，发现在 60~300 K 的温度范围内，激子与 Mn 离子之间的能量传递过程随着温度的降低而逐渐被抑制。然而在温度低于 60 K 时，激子与 Mn 离子之间的能量传递通道又被打开。对荧光强度、半峰宽以及峰位随温度的变化分析表明，在高温区域激子与 Mn 离子之间的能量传递过程受热涨落影响，而在低温区域，能量传递过程则受另一种效应调制。

　　进一步研究样品的磁化率随温度的变化，发现在低温下掺杂 Mn 离子的样品中形成了以反铁磁相互作用为主的 Mn-Mn 离子对。同时，选取其中一个掺杂浓度的样品进行变温 EPR 测量，研究了样品中局域晶体场和自旋相关的相互作用随温度的变化，揭示了 Mn-Mn 离子对的形成导致局域对称性破缺，使激子的能量又可以传递给 Mn 离子并产生荧光。

　　最后，该书测量了纳米晶样品强磁场下的 PL 谱，更进一步地验证了 Mn-Mn 离子对的反铁磁相互作用增大了激子与 Mn 离子之间的能量传递过程。同时，作为对照，在温度为 200 K 时，探测了 Mn 掺杂纳米晶样品在脉冲强磁场的光致发光谱，证明了由热效应影响的能量传递过程不会受到磁场环境的影响。

第 5 章　Fe 离子掺杂 $Gd_3Ga_5O_{12}$: Yb^{3+} / Er^{3+} 纳米晶的发光特性研究

5.1　概　述

无机上转换荧光材料由于具有独特的发光特性,一直受到研究人员的广泛关注。与传统的纳米晶发光材料或者下转换荧光材料相比,无机上转换荧光材料拥有窄发光峰、不易被光漂白以及易深入到生物组织中等优势。这些优势使得这类材料在生物成像、光伏电池、激光器、数据存储器以及光学传感等领域具有很高的应用价值。

上转换荧光材料的相关研究集中在掺杂稀土离子的化合物材料。最常见的是稀土Er 离子和 Yb 离子共掺的无机晶体,其中 Er 离子为激活剂,Yb 离子为敏化剂。Yb 离子可吸收近红外 980 nm 处的激光,并有效地将激发能传递给激发态的 Er 离子,使 Er 离子激发态的电子跃迁到更高的激发态,然后通过辐射跃迁在可见光波段产生荧光。掺杂的基质主要包含氧化物、氟化物、卤化物、含硫化合物以及氟–氧化合物等。其中,立方结构的钆镓石榴石 $Gd_3Ga_5O_{12}$ 晶体材料具有相当高的稳定性,是很多先进光学设备中的重要材料。作为上转换荧光材料的基质,$Gd_3Ga_5O_{12}$ 晶体是很好的选择。

在温度传感领域,上转换荧光材料是最常见的材料。特别是高温传感方面,稀土 Er 离子和 Yb 离子共掺的上转换荧光材料表现出优异的温度传感特性。但这类材料的上转换荧光强度随着温度的降低而急剧地减小,限制了其在低温传感方面的应用。这类材料荧光强度减小的原因是 Yb 离子在低温下的光吸收能力减弱。研究发现,3d 过渡金属 Fe 离子拥有与 Yb 离子能量相当的激发态能级,Fe 离子也可作为敏化剂吸收近红外的光并将能量传递给 Er 离子。同时,它还可以容易地取代钆镓石榴石 $Gd_3Ga_5O_{12}$ 晶体中的 Ga 离子,因此 Fe 离子掺杂是调控上转换荧光强度的最佳手段。

该书利用不同温度和磁场下的磁化、低温上转换 PL 以及 XRD 等测量手段深入地研究了 $Gd_3Ga_5O_{12}$: Yb^{3+} / Er^{3+} 纳米晶材料中 Fe 离子取代 Ga 离子的过程,并探讨了磁性对材料上转换发光的影响。

5.2　Fe 离子掺杂 $Gd_3Ga_5O_{12}$: Yb^{3+} / Er^{3+} 纳米晶的结构和表征

通过溶胶–凝胶法合成了不同 Fe 离子浓度的 $Gd_3Ga_{5-x}Fe_xO_{12}$: Yb^{3+} / Er^{3+} 纳米晶样品。如图 5-1 所示,$Gd_3Ga_5O_{12}$ 晶体的结构属于立方晶系。其中,Gd 离子位于十二面体(24c)的位置,Ga 离子位于两个不等效的位置:八面体(16a)的位置和四面体(24d)的位置。一部分 Ga 离子周围有 6 个氧离子,形成了以 Ga 离子为中心的正八面体结构;另一部分 Ga

离子周围有 4 个氧离子,形成以 Ga 离子为中心的正四面体结构。这两种位置的 Ga 离子个数比为 3:2。因此,主体结构也可以表示为 $Gd_3Ga_3Ga_2O_{12}$。其中,稀土离子 Yb^{3+} 和 Er^{3+} 取代 $Gd_3Ga_5O_{12}$ 晶体中的 Gd 离子,其掺杂量为 Yb^{3+} 和 Er^{3+} 与 Gd 离子的个数比为 4.17%。而 3d 过渡金属 Fe 离子则取代晶体中的 Ga 离子。6 个样品中 Fe 含量:Fe/Ga 的原子个数比为 0、1/4、2/3、3/2、4/1 和无穷大。在 $Gd_3Ga_{5-x}Fe_xO_{12}$:Yb^{3+}/Er^{3+} 的结构表达式中,x 分别为 0、1、2、3、4 和 5。

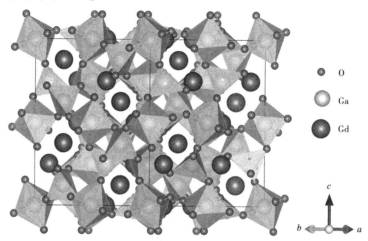

图 5-1 $Gd_3Ga_5O_{12}$ 晶体的原子分布结构示意

为了研究 $Gd_3Ga_{5-x}Fe_xO_{12}$:Yb^{3+}/Er^{3+} 纳米晶的晶体结构,测量了 XRD 谱,如图 5-2(a) 所示,在衍射角为 20°~45° 内,S_0、S_1、S_2、S_3、S_4 纳米晶样品展现出相同的衍射峰,而 S_5 样品出现多余的衍射峰。图 5-2(b) 为 S_0 和 S_5 样品的 XRD 谱和其标准衍射峰位。从图 5-2(b) 中清晰地看到,S_0 纳米晶样品的试验数据与 $Gd_3Ga_5O_{12}$ 晶体的标准衍射峰相一致,表明 Yb 离子和 Er 离子以及 Fe 离子的引入没有破坏纳米晶的晶格结构。而对于 S_5 纳米晶样品,XRD 谱中除存在 $Gd_3Fe_5O_{12}$ 晶体的标准衍射峰外,还出现少量杂质的衍射峰。通过进一步探究发现杂质相为 Fe_2O_3。该杂质相的来源可能是反应物过量,但其不会对晶体结构以及磁光试验结果产生影响。

图 5-2(c) 为 S_0、S_1、S_2、S_3、S_4 和 S_5 纳米晶样品在 31°~37° 范围内的衍射峰。随着 Fe 离子浓度的增大,纳米晶样品的衍射峰峰位有序地向小角度方向移动。由于 Fe 离子的半径(0.49 Å)大于 Ga 离子的半径(0.47 Å),纳米晶样品的晶格将发生膨胀。因此,该峰位的变化也充分证明 Fe 离子掺入到晶格中并且掺杂浓度在不断地增大,这与制备样品的初衷相一致。另外,利用 Jade 软件对 XRD 谱进行了分析,从而得到样品的晶格常数和衍射峰位的半峰宽,并进一步通过 Scherrer 公式计算了样品的平均晶粒大小:

$$D = K\lambda/(\beta\cos\theta) \tag{5-1}$$

式中:D 为样品的颗粒大小;K 为 Scherrer 常数,其大小为 0.89;λ 为 X 射线的波长;β 为衍射峰位的半峰宽;θ 为衍射角。

由式(5-1)计算得到的结果显示在图 5-2(d) 中。随着 Fe 离子浓度的增加,纳米晶样品的晶格常数和颗粒大小均变大,这是由于 Fe 离子的半径比较大,导致主体的晶格发生膨胀。

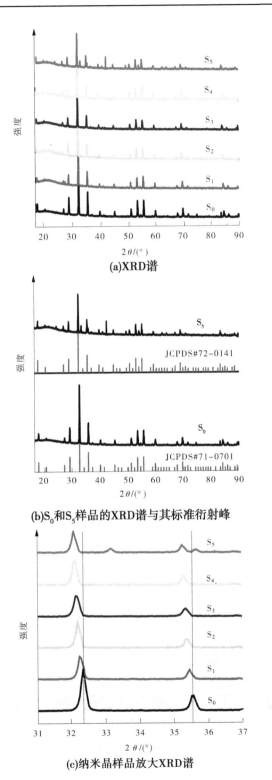

(a)XRD谱

(b)S_0和S_5样品的XRD谱与其标准衍射峰

(c)纳米晶样品放大XRD谱

图 5-2　$Gd_3Ga_{5-x}Fe_xO_{12}$: Yb^{3+} / Er^{3+} 纳米晶样品的结构特征

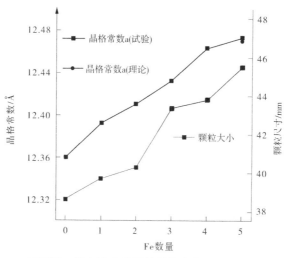

(d)不同Fe掺杂浓度样品的晶格常数和颗粒大小

续图 5-2

同时,利用扫描电镜观测了 S_0、S_1、S_5 纳米晶样品的形貌,如图 5-3 所示,随着 Fe 离子浓度的增大,纳米晶样品的颗粒尺寸出现显著增大。与上述计算结果相比,两者的变化趋势相一致。但 3 个纳米晶样品的颗粒尺寸分别约为 100 nm、160 nm 和 200 nm。相对于 XRD 试验数据计算结果 40 nm,纳米晶样品的实际大小远大于理论值。这是由于 Fe 离子是磁性离子,纳米晶颗粒因此具有较强的磁性,使纳米晶发生团簇而堆叠在一起。随着 Fe 离子浓度的增大,纳米晶颗粒之间的吸引作用增强,使团簇现象更加明显。

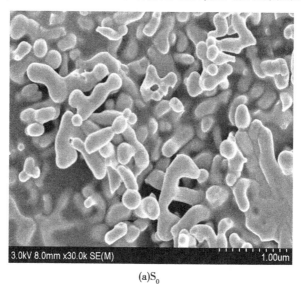

(a)S_0

图 5-3　样品在扫描电镜下的形貌图

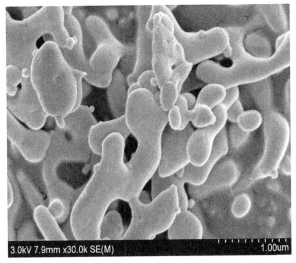

(b)S_1

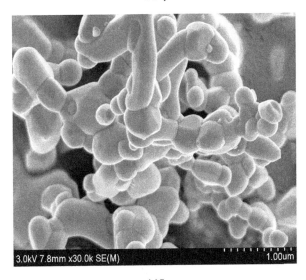

(c)S_5

续图 5-3

5.3　磁性和低温上转换荧光特性

由于 Fe 离子的引入,纳米晶样品具有很强的磁性。样品的磁性与上转换荧光特性有着密切的联系。因此,在讨论上转换荧光特性之前,先详细地研究纳米晶样品的磁性。

如图 5-4 所示,对于 S_0 纳米晶样品,其磁性主要来源于 Gd 离子。但在此样品中 Gd 离子的磁性相对较弱,因此 S_0 纳米晶样品的磁化率特别小。随着 Fe 离子浓度的增大,$S_1 \sim S_4$ 的磁化率逐渐增强,以至于 S_3 和 S_4 样品在室温条件下都表现出较强的磁性。当 Fe 离子浓度进一步增大时,S_5 样品的磁化率强度反而发生明显降低。在 $Gd_3Ga_{5-x}Fe_xO_{12}$

纳米晶中,Fe 离子的自旋均沿着(111)方向。但 Fe 离子在纳米晶的晶格中存在两种不等效的位置,分别位于正八面体和正四面体子晶胞。相同子晶胞中 Fe 离子的自旋沿同方向平行排列,而不同子晶胞中 Fe 离子的自旋呈反平行排列。因此,两种子晶胞之间形成反铁磁相互作用。前人的研究结果表明,Fe 离子先取代正四面体子晶胞中的 Ga 离子,再取代正八面体子晶胞中的 Ga 离子。因此,当 Fe/Ga 的原子个数比小于 3/2 时,Fe 离子的自旋均沿着相同的方向,纳米晶样品的磁性显著地增大。当 Fe/Ga 的原子个数比大于 3/2 时,Fe 离子开始取代正八面体子晶胞中的 Ga 离子,反向自旋 Fe 离子的数目逐渐增多,进而导致磁性减弱。另外,如图 5-4(c)所示,在温度为 290 K 时,S_5 样品的磁化率出现突变。表明不同子晶胞中 Fe 自旋方向达到了一个平衡点,使该纳米晶样品不展现磁性。

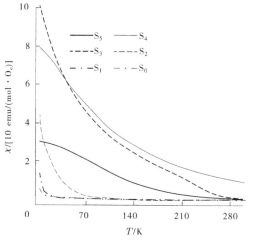

(a)$Gd_3Ga_{5-x}Fe_xO_{12}$:Yb^{3+}/Er^{3+}的磁化率随温度的变化关系

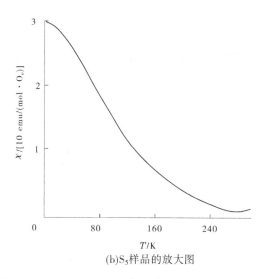

(b)S_5样品的放大图

图 5-4　$Gd_3Ga_{5-x}Fe_xO_{12}$:Yb^{3+}/Er^{3+} 纳米晶样品的磁性特征

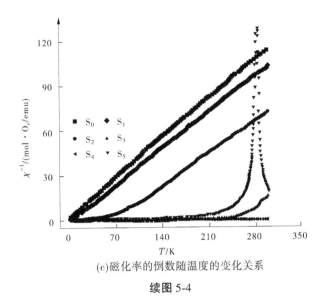

(c)磁化率的倒数随温度的变化关系

续图 5-4

在高温区域,低掺杂浓度的样品的磁化率随温度变化的关系服从居里-外斯定律。通过拟合磁化率强度的倒数与温度的关系,可以准确地得到居里-外斯温度。如图 5-4(c)所示,由拟合结果得到,S_0、S_1、S_2 和 S_3 的居里-外斯温度分别是−13 K、−7 K、70 K 和 280 K,而 S_4 和 S_5 的居里-外斯温度远大于 300 K,其温度值无法通过拟合当下的试验数据得到。可发现随着 Fe 离子浓度的增大,纳米晶样品的居里-外斯温度也不断地变大。

对磁化强度随磁场的变化关系分析可得,Fe 离子有序地取代纳米晶中的 Ga 离子。如图 5-5 所示,对于 S_0、S_1 和 S_2 样品,随着 Fe 离子浓度的增大,其饱和磁化强度逐渐增大。而对于 S_3、S_4 和 S_5 样品,其饱和磁化强度逐步降低,充分验证了上述结论。另外,纳米晶样品还展现出从顺磁态到铁磁态,再到反铁磁态的变化。S_0、S_1 和 S_2 样品呈顺磁态,

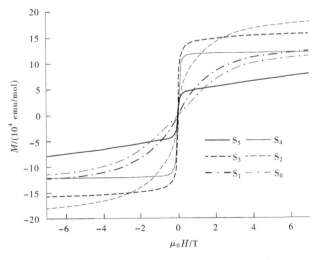

图 5-5　纳米晶 $Gd_3Ga_{5-x}Fe_xO_{12}:Yb^{3+}/Er^{3+}$ 样品的磁化强度随磁场的变化

而 S_3 和 S_4 样品呈铁磁态,磁化强度在外磁场强度为 0.3 T 时迅速达到饱和状态。S_5 纳米晶样品呈反铁磁态,由于其磁化强度随磁场的升高线性增加,意味着反铁磁相互作用起到一定作用。

纳米晶 $Gd_3Ga_{5-x}Fe_xO_{12}$:Yb^{3+}/Er^{3+} 样品拥有优异的上转换发光性质。首先,在室温下测量了 S_0 和 S_5 的上转换 PL 谱。激发光源为 980 nm 固体激光器,激光功率为 100 mW。如图 5-6(a)所示,S_0 和 S_5 纳米晶样品均展现出两个发光带:530~565 nm 的绿光带和

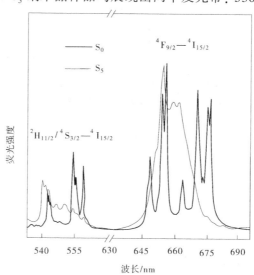

(a)S_0 和 S_5 样品在室温下的上转换光致发光谱

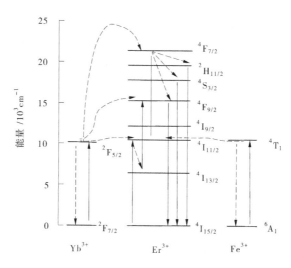

(b)离子的能级示意图和上转换发光对应的
能级跃迁过程

图 5-6　$Gd_3Ga_{5-x}Fe_xO_{12}$:Yb^{3+}/Er^{3+} 纳米晶样品的上转换荧光特性

640～680 nm 的红光带。两个发光带分别源于稀土 Er 离子的激发态 $^2H_{11/2}$/$^4S_{3/2}$ 和 $^4F_{9/2}$ 到基态 $^4I_{15/2}$ 的辐射跃迁过程。相对于 S_0，S_5 的发光峰位发生明显的蓝移。这是由于 Fe 离子和 Er 离子之间存在磁相互作用，Er 离子周围的晶体场强度增大，从而引起激发态能级向更高的方向移动。

　　图 5-6(b)展示了上转换发光的能级和电子跃迁过程。对于未掺 Fe 离子的样品，上转换光致发光过程包含 3 个步骤：第一步，Er 离子自身吸收光子能量将电子直接从基态激发到 $^4I_{11/2}$ 激发态，或者 Yb 离子吸收光子能量将电子激发到激发态，然后通过非辐射跃迁将能量传递给 Er 离子使其基态中的电子到达激发态；第二步，激发态的 Er 离子继续吸收光子的能量，进一步将电子激发到 $^4F_{7/2}$ 能级态，或者类似于第一步的过程，吸收 Yb 离子传递的能量将电子激发到 $^4F_{7/2}$ 能级态；第三步，电子通过非辐射跃迁过程从 $^4F_{7/2}$ 能级分别到 $^2H_{11/2}$、$^4S_{3/2}$ 能级，进而再通过辐射跃迁过程回到基态并产生绿光区域的发光带。对于红光区域的发光带，一种跃迁过程同上述过程，激发态 $^4F_{7/2}$ 能级的电子通过非辐射跃迁到 $^4F_{9/2}$ 态，再通过辐射跃迁到基态产生荧光。另一种跃迁过程是 Er 离子中的电子被激发到 $^4I_{11/2}$ 能级后，通过非辐射跃迁回到 $^4I_{13/2}$ 能级，进而再通过激发态吸收或者吸收 Yb 的能量将电子直接激发到 $^4F_{9/2}$ 能级态，最终通过辐射跃迁过程回到基态。

　　对于 Fe 离子掺杂的样品，Fe 离子激发态的能级与 Er 的 $^4I_{11/2}$ 能级以及 Yb 的 $^2F_{5/2}$ 能级处在相同位置。除上述跃迁过程外，Fe 离子也可吸收 980 nm 的激光并将激发能传递给 Er 离子使其产生荧光。但在光吸收过程中，当 Fe 离子增多时，Yb 离子的吸收效率会急剧降低。另外，在室温下 Fe 离子到 Er 的能量传递效率比 Yb 离子到 Er 传递效率低一些。因此，掺杂体系样品的荧光强度相对较弱。但是，如图 5-7 所示，在激光没有聚焦且光功率密度约为 10 W/cm^2 的条件下，S_0、S_1 和 S_5 都展示出很强的上转换荧光，说明所有的纳米晶样品都拥有较高的量子产率。

　　图 5-8、图 5-9 为 $Gd_3Ga_{5-x}Fe_xO_{12}$：Yb^{3+}/Er^{3+} 在不同温度下的上转换荧光谱。对于 S_0，两个发光带的强度随着温度的降低而急剧减小。相较于室温下，样品在温度 4.2 K 下的发光强度降低了约 10 倍。而对于 S_1、S_2 和 S_3，两个发光带的强度在温度为 80 K 时最大，并且随着 Fe 离子的浓度增大，纳米晶在温度 4.2 K 下的荧光强度逐渐接近 80 K 下的荧光强度。对于 S_4 和 S_5，随着温度的降低，两个发光带的强度单调增大。

　　图 5-10 展示了 S_0 的两个发光带的积分强度随温度变化的关系。从图 5-10 中可以明显看到，两个发光带的强度与温度的变化趋势一致。当温度从 300 K 降低到 250 K 时，强度都急剧减小；在温度从 250 K 逐渐降低到 50 K 时，强度缓慢减小；而当温度小于 50 K 时，强度又急剧减小。这是由于随着温度的降低，Yb 离子到 Er 离子的能量过程受到抑制，导致发光带的强度急剧下降。

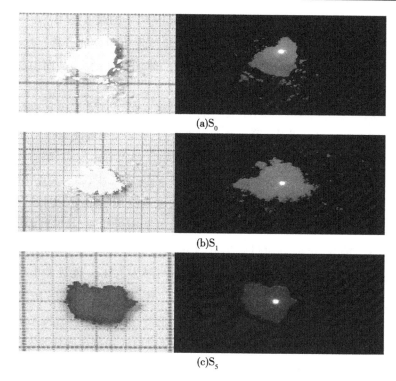

(a)S₀

(b)S₁

(c)S₅

图 5-7　样品的实物图及在 980 nm 激光照射下的发光照片

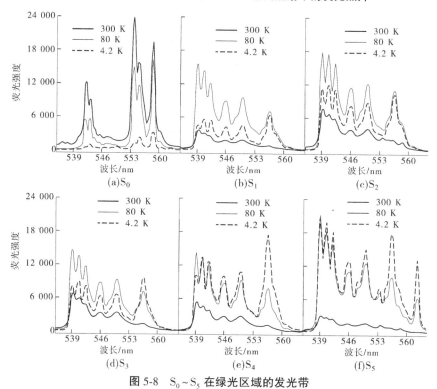

(a)S₀

(b)S₁

(c)S₂

(d)S₃

(e)S₄

(f)S₅

图 5-8　S₀ ~ S₅ 在绿光区域的发光带

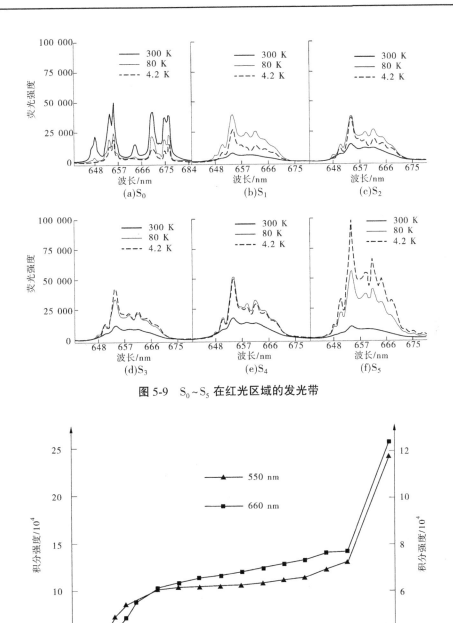

图 5-9　$S_0 \sim S_5$ 在红光区域的发光带

图 5-10　S_0 在 550 nm 和 660 nm 处发光强度随温度变化的关系

　　图 5-11 为 S_1 和 S_5 的两个发光带的积分荧光强度随温度的变化关系。对于 S_1，在温度大于 60 K 时，两个发光带的积分强度随温度的降低而增大，而在温度小于 60 K 时，发光带的积分强度又随温度降低而急剧减小。对于 S_5 纳米晶样品，在整个温度范围内，两

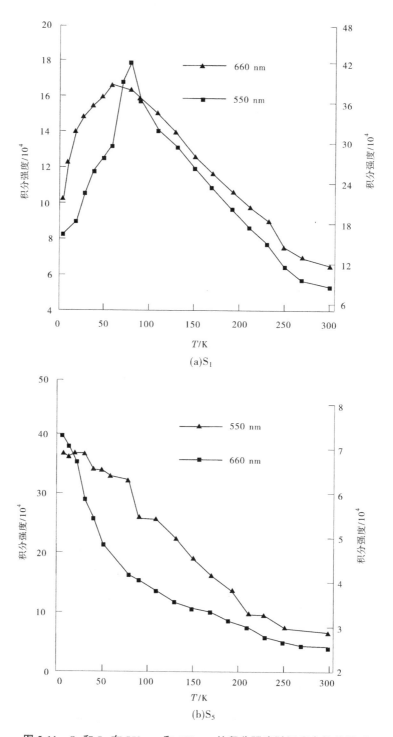

(a)S$_1$

(b)S$_5$

图 5-11　S$_1$ 和 S$_5$ 在 550 nm 和 660 nm 处积分强度随温度变化的关系

个发光带的积分强度随温度的降低而单调增大。由此可见,Fe 离子优先取代正四面体中 Ga 的位置,再取代正八面体中 Ga 的位置。在 60~300 K 温度范围内,正四面体子晶胞中 Fe 离子的 $^4T_1$ 能级与 Er 离子的 $^4I_{11/2}$ 能级位置一致。相较于正四面体的子晶胞,正八面体子晶胞中展现出更强的晶体场环境,使正八面体中的 Fe 离子的激发态能级向上发生了更大的移动。因此,在 4.2~300 K 温度范围内,正八面体子晶胞的 Fe 离子的 $^4T_1$ 能级与 Yb Er 离子的 $^4I_{11/2}$ 能级位置一致。Fe 离子高效地吸收波长为 980 nm 的激光,再将能量传递给周围邻近的 Er 离子使其产生荧光。

5.4　温度传感性能评估

$Gd_3Ga_{5-x}Fe_xO_{12}$:Yb^{3+}/Er^{3+} 纳米晶的上转换荧光强度对温度有很强的敏感性,并且 Fe 离子的引入使该纳米晶样品在低温条件下拥有更强的发光特性,意味着该纳米晶样品在低温传感器中有很好的应用。

荧光强度比(FIR)方法被认为是评价温度敏感性最有效的方法,这种评价方法不会受到激发光的波动以及发光谱损失的影响。研究表明:基于热耦合能级的荧光强度比随温度的变化符合玻尔兹曼分布,可用如下公式表示:

$$\text{FIR} = Ce^{-\Delta E/(kT)} \tag{5-2}$$

式中:FIR 为两个热耦合能级辐射的荧光强度比;ΔE 为两个热耦合能级之间的能量差;k 为玻尔兹曼常数;T 为温度。

热耦合能级之间的能量差一般在 200~2 000 cm^{-1} 内。对于 $Gd_3Ga_{5-x}Fe_xO_{12}$:Yb^{3+}/Er^{3+} 样品,两发光带之间的能量差约为 3 000 cm^{-1},这远大于定义的热耦合能量差。另外,Er 离子的 $^2H_{11/2}$ 和 $^4S_{3/2}$ 能级属于热耦合能级。但对于 Fe 离子掺杂的纳米晶样品,晶体场效应使 $^2H_{11/2}$ 和 $^4S_{3/2}$ 能级对应的发光峰发生展宽,导致两发光峰重叠在一起。因此,式(5-2)无法准确表述该纳米晶的温度依赖特性。

根据前人的研究,许多材料基于非热耦合能级的荧光强度比随温度变化也呈现规律的变化,其中一些材料的温度敏感系数远大于基于热耦合能级材料的敏感系数。基于非热耦合能级的荧光强度比公式有很多种形式,比如多项式函数或者指数函数。

图 5-12(a)为 S_0、S_1 和 S_5 样品的荧光强度比随温度变化的关系。其变化关系都近似于指数关系,利用半经验指数关系式可获得较好的拟合结果,半经验指数关系式如下:

$$\text{FIR} = A + Be^{T/C} \tag{5-3}$$

式中:A、B 和 C 为拟合参数。

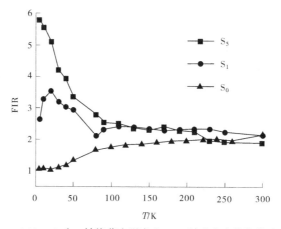

(a)S_0、S_1和S_5转换荧光强度比(FIR)随温度变化的关系

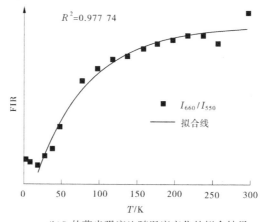

(b)S_0的荧光强度比随温度变化的拟合结果

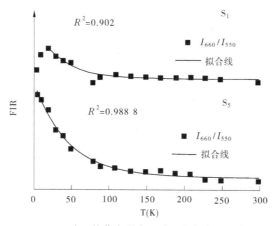

(c)S_1和S_5的荧光强度比随温度变化的拟合结果

图 5-12 $Gd_3Ga_{5-x}Fe_xO_{12}$:Yb^{3+}/Er^{3+} 纳米晶的温度传感性能

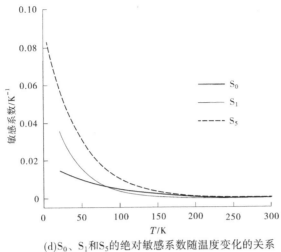

(d)S_0、S_1和S_5的绝对敏感系数随温度变化的关系

续图 5-12

对于 S_0 和 S_1,在 20~300 K 温度范围内,式(5-3)可很好地拟合荧光强度比随温度变化的关系。如图 5-12(b)和(c)所示,拟合结果分别为 FIR = 2. 08 − 1. 44$e^{-T/72.94}$ 和 FIR = 2. 27 + 4. 3$e^{-T/35.5}$。而对于 S_5 纳米晶样品,在 4. 2~300 K 温度范围内,其荧光强度比值随温度的关系很好地匹配上述函数关系。如图 5-12(c)所示,拟合结果为 FIR = 2. 07 + 4. 3$e^{-T/46.32}$。

温度的敏感系数是评估温度传感性能的重要参数,计算方法如下:

$$S = \mathrm{d}(\mathrm{FIR})/\mathrm{d}T = De^{T/C} \tag{5-4}$$

式中,参数 $D = B/C$。

利用式(5-4)得到样品的敏感系数随温度变化的关系。如图 5-12(d)所示,相对于 S_0 纳米晶样品,S_1 和 S_5 纳米晶样品具有更高的敏感系数,这是由于 Fe 离子与 Er 离子之间的能量传递过程是通过声子辅助完成的,这一过程对温度有很强的依赖性。因此,基于非热耦合能级的荧光强度比值对温度有更高的敏感性。随着 Fe 浓度的增大,纳米晶样品的敏感系数也逐渐增大。尤其是 S_5 样品,在温度小于 100 K 时,其敏感系数出现了显著的增大。这表明在纳米晶体样品中引入 Fe 离子使上转换荧光材料在低温区域有更好的温度传感特性。

目前,对温度传感材料的研究大都集中在其高温区域的特性,关于低温条件下的温度传感材料的研究非常少。本试验挑选了为数不多的低温传感材料中的两种与 S_5 纳米晶样品作对比。这两种荧光材料的温度传感特性也是基于非热耦合能级得到的,比较结果如表 5-1 所示。通过比较发现,S_5 样品的温度适用范围最低达到 4. 2 K,远低于其他两种材料可适用的最低温度。同时,它还具有更高的温度敏感系数,这意味着它在低温传感方面有更好的应用。

表 5-1　典型的温度传感材料的最大敏感系数与其相对应的温度适用范围

材料	敏感系数 $S_{max}/(10^{-3}\ K^{-1})$	温度/K	参考文献
PLZT:Yb, Er	2.2	140~300	[144]
NaGdF$_4$:Yb, Tm	1.2	125~300	[145]
Gd$_3$Fe$_5$O$_{12}$:Yb, Er	83	4.2~300	本书

5.5　本章小结

本章利用溶胶-凝胶的方法制备出一系列 Fe 离子掺杂的 Gd$_3$Ga$_5$O$_{12}$:Yb^{3+}/Er^{3+} 纳米晶样品,发现 Fe 离子成功取代 Gd$_3$Ga$_5$O$_{12}$:Yb^{3+}/Er^{3+} 纳米晶的 Ga 晶格位,并调控其磁学和光学性质。

首先,利用 Vesta 软件建立了主体 Gd$_3$Ga$_5$O$_{12}$ 的结构示意图,确定了样品的空间结构和晶胞中原子的位置以及周围的晶体场环境,为下面的 Fe 离子取代过程奠定了基础。另外,利用 XRD 探测手段探究了纳米晶样品的结构和掺杂情况,通过对试验测得的 XRD 图谱与样品标准的理论数据进行对比,确定了掺杂离子的引入不会破坏主体的晶格结构。不同 Fe 浓度样品的衍射峰有序地向小角度偏移,确定了 Fe 离子掺杂到主体晶体中并且其浓度在不断地增大。利用扫描电镜观测了掺杂和未掺杂纳米晶样品颗粒大小的变化,发现随着 Fe 离子浓度的增大,纳米晶样品的颗粒在不断增大,与 XRD 的试验结果相一致。

其次,利用温度依赖的光致发光系统探究了纳米晶样品的磁性和光学性质。随着 Fe 离子浓度的增大,纳米晶样品的磁性发生了先增强而后减弱的现象,说明由顺磁态变到铁磁态,再到 S$_5$ 样品的反铁磁态。另外,Fe 离子的激发态能级与 Er 离子的激发态能级属于共振能级,Fe 离子可以将吸收的能量传递给 Er 离子进而产生荧光。这一能量传递过程不仅缓解了样品荧光强度随温度降低而被压制的趋势,还使得样品在低温下拥有更强的上转换荧光。

最后,利用荧光强度比的方法评价了不同 Fe 离子浓度样品的温度传感特性。利用半经验指数函数关系式描述了 S$_0$、S$_1$ 和 S$_5$ 3 个样品的荧光强度比随温度变化的关系,并计算出每个样品在不同温度下的敏感系数。结果表明,随着 Fe 离子浓度的增大,纳米晶样品的敏感系数与温度适用范围均逐渐增大。尤其是 S$_5$ 纳米晶样品,它不仅拥有较大的敏感系数,而且可适用于 4.2~300 K 温度范围。这意味着该纳米晶样品在低温传感方面具有很高的应用价值。

第 6 章　结论和建议

6.1　结　论

3d 过渡金属化合物拥有丰富的物理性质,一直受到国内外科研工作者的广泛关注。其中,含 3d 过渡金属离子的钙钛矿有机-无机杂化材料同时兼具无机分子和有机分子的双重特性,在磁、光、电等领域展现出广阔的应用前景。Mn 基钙钛矿有机-无机杂化晶体除了具有独特的磁学性质,还具有高效的发光特性。前人的相关研究集中在随温度的结构相变和磁性相变,然而对于钙钛矿有机-无机杂化材料的光发射性质,及其与磁性、结构相变的关联方面的研究还较少。

另外,3d 过渡金属离子掺杂的稀磁半导体材料同时具有半导体和磁性材料的物理特性,使其在自旋电子学器件、信息的存储和光学显示等领域具有广阔的应用前景。在低温和磁场下,稀磁半导体材料展现出许多独特的光学效应,比如巨塞曼效应、磁极化子效应等。然而,稀磁半导体材料在低温和磁场下的研究集中在过渡金属离子掺杂 II ~ VI 族半导体体系中,而对于新型的过渡金属离子掺杂 $CsPbX_3$(X 为 Cl、Br、I) 钙钛矿半导体材料在低温和磁场下的研究还很少,尤其是在低温下激子与过渡金属离子之间的能量传递过程的机制仍然是不清楚的。

上转换荧光材料,由于其在生物成像、激光器材料及温度传感等方面有很好的应用,也一直是人们关注的热点。但在低温条件下,上转换荧光材料的荧光强度减弱,限制了其在低温领域的应用。

在前人的工作基础之上,利用温度和磁场依赖的光谱测量手段对以上 3 个体系做了如下工作:

(1)研究了层状有机-无机杂化钙钛矿$(CH_3NH_3)_2MnCl_4$ 单晶材料在不同温度和磁场下的光发射性质,并探讨了其发光与磁性之间的关联。首先,进行了吸收光谱、不同激发波长下的 PL 谱和荧光激发谱的测量,确定了单晶样品的发光来源于无机分子层中的二价 Mn 离子。结合由第一性原理计算得到的能带和总的态密度以及在各个元素轨道上的态密度分量,确定了单晶样品在紫外的吸收边来源于电子从价带到导带的跃迁,而紫外-可见波段的吸收峰来源于 Mn 离子的 3d 轨道内的跃迁。其次,对单晶样品进行了变温 PL 和变温荧光寿命的测量,揭示样品内部存在的能量传递过程:无机分子层中的 Mn 离子吸收了光子能量,由于 Mn 离子之间存在强的磁相互作用,将能量传递给相邻的 Mn 离子,最终在缺陷态 Mn 离子的位置发生辐射跃迁并产生荧光。再次,对单晶样品进行不同方向下的强磁场 PL 测量,发现磁场垂直和平行于样品层状平面时,荧光强度随磁场的变化具有不同的依赖关系,这些关系可以利用磁致应变效应和塞曼效应来解释。最后,对单晶样品进行磁化和变频率 ESR 测量,确定了单晶样品在低温下的反铁磁态,进一步验证了上述机制。

（2）研究了 $CsPbCl_3$: Mn^{2+} 钙钛矿纳米晶在低温和强磁场下的光致发光和激子-Mn 能量转移机制。首先，在室温下对不同 Mn 离子浓度的 $CsPbCl_3$: Mn^{2+} 钙钛矿纳米晶进行了结构、形貌、光谱表征，确定了适量的 Mn 离子掺杂不仅可以增强纳米晶的稳定性，还能提高材料的光致发光效率。其次，在温度大于 80 K 时，发现随着温度的降低，激子的发光增强而 Mn 离子的发光减弱，而在温度低于 80 K 时，发光强度呈现出相反的趋势：激子发光在减弱，Mn 离子发光在增强。通过对发光谱参数发光强度、发光峰的峰位和半峰宽随温度的变化关系进行分析，确定了在高温区域，热效应影响激子与 Mn 离子之间的能量传递过程，而在低温区域，非热效应调控激子和 Mn 离子的发光强度。对 Mn 离子掺杂的纳米晶样品进行磁化和 ESR 测量，发现在低温下，Mn 离子之间存在强的磁相互作用，形成以反铁磁相互作用为主的 Mn-Mn 离子对，从而导致局域 Mn 离子结构对称性的破缺，使激子到 Mn 离子的能量传递通道被重新打开，进而调控激子和 Mn 离子的发光强度；最后，通过对脉冲强磁场下的光致发光谱的测量，验证了 Mn 离子之间的反铁磁相互作用增强了激子与 Mn 离子之间的能量传递过程。

（3）研究了 $Gd_3Ga_{5-x}Fe_xO_{12}$: Yb^{3+}/Er^{3+} 纳米晶在低温下的上转换荧光发射和相关的温度传感特性。首先，对不同 Fe 离子浓度掺杂的 $Gd_3Ga_{5-x}Fe_xO_{12}$: Yb^{3+}/Er^{3+} 纳米晶材料进行了结构、形貌表征，确定了 Fe 离子取代 Ga 离子的晶格位且没有破坏主体的晶体结构。其次，对样品进行了磁化测量，结果表明随着 Fe 离子浓度的增大，纳米晶样品的磁化呈现先增大后减小的趋势，经历了从顺磁性到铁磁性，再到反铁磁性的变化。意味着 Fe 离子是有序地取代 Ga 离子的位置：先取代正四面体结构中的 Ga 离子，再取代正八面体结构中的 Ga 离子。然后，测量了变温条件下的上转换荧光谱，揭示了 Fe 离子的引入有效增强了样品在低温下的上转换荧光强度。最后，利用荧光强度比的方法评价了不同 Fe 离子浓度纳米晶样品的温度传感特性，发现 Fe 离子浓度越高，温度敏感性越强并且适用的温度范围越广，为该材料在低温传感方面的应用提供了思路。

6.2　建　议

3d 过渡金属化合物种类繁多，并且具有非常优异的磁性和光学性质，同时磁场和低温环境是研究 3d 过渡金属化合最好的手段。因此，3d 过渡金属化合物结合磁场和低温的研究还存在广阔的空间。在对 3d 过渡金属化合物的研究基础之上，还可以在以下几个方面做进一步探究：

（1）在研究中，Mn 离子掺杂 $CsPbCl_3$ 钙钛矿材料在低温条件下展现了独特的发光现象，展现了这种材料与以前的 Mn 离子掺杂 Ⅱ～Ⅵ族半导体材料的不同，但是相同体系不同种类的钙钛矿纳米晶材料，比如 Mn 离子掺杂 $CsPbBr_3$ 纳米晶材料或者 Mn 离子掺杂 $CsPbI_3$ 纳米晶材料，在低温条件下的光学性质是否存在差异是未知的。因此，在未来的研究工作中，可以进一步探究不同卤素的钙钛矿掺杂纳米晶在低温条件下的光致发光性质。

（2）在以前的科研工作中，对于 Mn 离子掺杂 Ⅱ～Ⅵ族的稀-磁半导体材料，当半导体材料的能隙宽度接近于 Mn 离子的第一激发态能级时,被称作共振能级,在低温条件下,由于载流子和 Mn 离子之间存在自旋相互作用而使稀磁半导体材料内部自发形成磁极化子,并且在外磁场作用下,还能产生巨塞曼分裂。因此,在接下来的工作中,需尽可能地调控 $CsPbX_3$ 半导体材料的带隙宽度,使其尽可能接近 Mn 离子的第一激发态能级,进一步地研究这类材料在低温和磁场下的光学性质,并与早期的稀磁半导体材料进行比较,从而发现新的现象。

（3）在对有机-无机杂化钙钛矿 $(CH_3NH_3)_2MnCl_4$ 单晶材料的研究中提到,在低温下,磁场使 Mn 离子的自旋发生翻转,引起单晶材料的晶格出现短暂的拉伸或者压缩。在接下来的工作中,还可以利用光学磁致伸缩系统进一步研究单晶材料的伸缩或者拉伸量与磁场之间的关系,以便在实际中有更广泛的应用。

（4）有机-无机杂化钙钛矿 $(CH_3NH_3)_2MnCl_4$ 单晶材料同时兼具有机分子和无机分子的双重物理性质。有机分子层对单晶材料在不同温度下的结构变化以及荧光性质的变化都起着重要的作用。因此,在接下来的工作中,可以改变单晶材料中的有机官能团,探究其在低温和磁场条件的光致发光特性,并与现有的工作进行对比,寻求更好的磁光功能材料。

参考文献

[1] Shan Zhu, Jiajun Li, Xiaoyang Deng, et al. Ultrathin-Nanosheet-Induced Synthesis of 3D Transition Metal Oxides Networks for Lithium Ion Battery Anodes [J]. Advanced Functional Materials, 2017, 27 (9): 1605017.

[2] Kun Luo, Matthew R Roberts, Rong Hao, et al. Charge-compensation in 3d-transition-metal-oxide inter-calation cathodes through the generation of localized electron holes on oxygen[J]. Nature Chemistry, 2016 (8): 684-691.

[3] Aydın C, Abd El-sadek M S, Kaibo Zheng, et al. Synthesis, diffused reflectance and electrical properties of nanocrystalline Fe-doped ZnO via sol-gel calcination technique[J]. Optics and Laser Technology, 2013 (48): 447-452.

[4] Choi T, Lee S, Choi J Y, et al. Switchable Ferroelectric Diode and Photovoltaic Effect in $BiFeO_3$[J]. Science, 2009, 324(5923): 63-66.

[5] Zhonghao Nie, Jie Yin, Huawei Zhou, et al. Layered and Pb-Free Organic-Inorganic Perovskite Materials for Ultraviolet Photoresponse: (010)-Oriented $(CH_3NH_3)_2MnCl_4$ Thin Film[J]. ACS Applied Materials Interfaces, 2016(8): 28187-29183.

[6] Rémi Beaulac, Paul I Archer, Stefan T Ochsenbein, et al. Mn^{2+}-Doped CdSe Quantum Dots: New Inor-ganic Materials for Spin-Electronics and Spin-Photonics[J]. Advanced Functional Materials, 2008, 18 (24): 3873-3891.

[7] Kind R, Blinc R, Zek B. Dynamics of structural phase transitions in $(CH_3NH_3)_2CdCl_4$-type compounds [J]. Physical Review B, 1979, 19(7): 3743-3754.

[8] Zolfaghari R, de Wijs G A, R A de Groot. The electronic structure of organic-inorganic hybrid compounds: $(NH_4)_2CuCl_4$, $(CH_3NH_3)_2CuCl_4$ and $(C_2H_5NH_3)_2CuCl_4$[J]. Journal of Physics: Condensed Matter, 2013, 25(29): 295502.

[9] Pollnau M, Gamelin R D, Lüthi R S, et al. Power dependence of upconversion luminescence in lantha-nide and transition-metal-ion systems[J]. Physical Review B, 2000, 61(5): 3337-3346.

[10] Popov E, Kotlyarskii M M. Optical absorption of the layer antiferromagnet Rb_2MnCl_4[J]. Physica Status Solidi B-basic Solid State Physics, 1979(96): 163-167.

[11] Kambli U, Gudel H U. Optical absorption and luminescence studies of antiferromagnetic $RbMnCl_3$ and $CsMnCl_3$[J]. Journal of Physics C: Solid State Physics, 1984, 17(22): 4041-4054.

[12] Xiaosheng Fang, Tianyou Zhai, Ujjal K Gautam, et al. ZnS nanostructures: From synthesis to applica-tions[J]. Progress in Materials Science, 2011, 56(2): 175-187.

[13] 刘公强, 乐志强, 沈德芳. 磁光学[M]. 上海: 上海科学技术出版社, 2001.

[14] 冯端, 金国钧. 凝聚态物理学: 上卷[M]. 北京: 高等教育出版社, 2003.

[15] Zutic I, Fabian J, Das Sarma S. Spintronics: Fundamentals and applications[J]. Reviews of Modern Physics, 2004, 76(2): 323-410.

[16] Wolf A S, Awschalom D D, Buhrman A R, et al. Spintronics: A Spin-Based Electronics Vision for the

Future[J]. Science, 2001, 294(5546):1488-1495.

[17] Makarov Alexander, Windbacher Thomas, Sverdlov Viktor, et al. CMOS-compatible spintronic devices: a review[J]. Semiconductor Science and Technology, 2016, 31(11): 113006.

[18] Blasse G, Grabmaier B C, Luminescent Materials, Springer, Berlin, 1994.

[19] Cees Ronda. Luminescence: from theory to applications[J]. Wiley-VCH, Weinheim, Germany, 2008

[20] Abramishvili V G, Komarov A V, Ryabchenko S M, et al. Magnetic-field affected luminescence of Mn^{2+} ions in $Zn_{1-x}Mn_xSe$ compounds under resonance excitation of excitons[J]. Solid State Communications, 1991, 78(12): 1069-1072.

[21] Nawrocki M, Yu G Rubo, Lascaray J P, et al. Suppression of the Auger recombination due to spin polarization of excess carriers and Mn^{2+} ions in the semimagnetic semiconductor $Cd_{0.95}Mn_{0.05}S$[J]. Physical Review B, 1995, 52(4): 2241-2244.

[22] Yasuo Oka, Kentaro Kayanuma, Satoshi Shirotori, et al. Magneto-optical properties and exciton dynamics in diluted magnetic semiconductor nanostructures[J]. Journal of Luminescence, 2002, 100(1): 175-190.

[23] Hundt A, Puls J, Henneberger F, et al. Spin properties of self-organized diluted magnetic $Cd_{1-x}Mn_xSe$ quantum dots[J]. Physical Review B, 2004, 69(12): 121309.

[24] Hoffmana D, Meyera B, Ekimov A, et al. Giant internal magnetic fields in Mn doped nanocrystal quantum dots[J]. Solid State Communications, 2000, 114(10): 547-550.

[25] Seufert J, Bacher G, Scheibner M, et al. Dynamical Spin Response in Semimagnetic Quantum Dots[J]. Physical Review Letters, 2001, 88(2): 027402.

[26] Kagan C R, Breen T L, Kosbar L L. Patterning organic-inorganic thin-film transistors using microcontact printed templates[J]. Applied Physics Letters, 2001, 79(21): 3536-3538.

[27] Mitzi D B, Chondroudis K, Kagan C R. Organic-Inorganic electronics[J]. IBM Journal of Research and Development, 2001, 45(1): 29.

[28] Mitzi D B, Prikas M T, Chondroudis K. Thin Film Deposition of Organic-Inorganic Hybrid Materials Using a Single Source Thermal Ablation Technique[J]. Chemistry of Materials, 1999, 11(3): 542-544.

[29] Kagan C R, Mitzi D B, Dimitrakopoulos C D. Organic-inorganic hybrid materials as semiconducting channels in thin-film field-effect transistors[J]. Science, 1999, 286(5441): 945-947.

[30] Knorr K, Jahn I R, Heger G. Birefringence, X-ray and neutron diffraction measurements on the structural phase transitions of $(CH_3NH_3)_2MnCl_4$ and $(CH_3NH_3)_2FeCl_4$[J]. Solid State Communications, 1974, 15(2): 231-238.

[31] Ruchika Yadav, Diptikanta Swain, Partha P Kundu, et al. Dielectric and Raman investigations of structural phase transitions in $(C_2H_5NH_3)_2CdCl_4$ [J]. Physical Chemistry Chemical Physics, 2015, (18): 12207.

[32] Xinghui Lv, Weiqiang Liao, Pengfei Li, et al. Dielectric and photoluminescence properties of a layered perovskite-type organic-inorganic hybrid phase transition compound: $NH_3(CH_2)_5NH_3MnCl_4$[J]. Journal of Materials Chemistry C, 2016, (9): 1881.

[33] Seong-Hun Park, In-Hwan Oh, Sungil Park, et al. Canted antiferromagnetism and spin reorientation

transition in layered inorganic-organic perovskite ($C_6H_5CH_2CH_2NH_3$)$_2$MnCl$_4$[J]. Dalton Transactions, 2012(4): 1237.

[34] David B Mitzi. Templating and structural engineering in organic-inorganic perovskites[J]. Journal of the Chemical Society, Dalton Transactions, 2001(1):1-12.

[35] Kundys B, Lappas A, Viret M, et al. Multiferroicity and hydrogen-bond ordering in ($C_2H_5NH_3$)$_2$CuCl$_4$ featuring dominant ferromagnetic interactions[J]. Physical Review B, 2010(81): 224434.

[36] Yi Zhang, Weiqiang Liao, DaWei Fu, et al. The First Organic-Inorganic Hybrid Luminescent Multiferroic: (Pyrrolidinium)MnBr$_3$[J]. Advanced Materials, 2015, 27(26): 3942-3946.

[37] Tsuboi T, Matsubara A, Kato K, et al. Luminescence of quasi-two-dimensional antiferromagnetis ($C_nH_{2n+1}NH_3$)$_2$MnCl$_4$($n = 1, 2, 3$)[J]. Physica Status Solidi(b), 1995, 188(2): K35-K38.

[38] Feng Zhang, Haizheng Zhong, Cheng Chen, et al. Brightly Luminescent and Color-Tunable Colloidal $CH_3NH_3PbX_3$(X = Br, I, Cl) Quantum Dots: Potential Alternatives for Display Technology[J]. ACS nano, 2015, 9(4): 4533-4542.

[39] Zhengguo Xiao, Ross A Kerner, Lianfeng Zhao, et al. Efficient perovskite light-emitting diodes featuring nanometre-sized crystallites[J]. Nature Photonics, 2017, 11(2): 108-115.

[40] Xiaoming Li, Ye Wu, Shengli Zhang, et al. $CsPbX_3$ Quantum Dots for Lighting and Displays: Room-Temperature Synthesis, Photoluminescence Superiorities, Underlying Origins and White Light-Emitting Diodes[J]. Advanced Functional Materials, 2016, 26(15): 2435-2445.

[41] Song Wei, Yanchun Yang, Xiaojiao Kang, et al. Room-temperature and gram-scale synthesis of $CsPbX_3$ (X = Cl, Br, I) perovskite nanocrystals with 50-85% photoluminescence quantum yields[J]. Chemical Communications, 2016, 52(45): 7265-7268.

[42] David Parobek, Benjamin J Roman, Yitong Dong, et al. Exciton-to-Dopant Energy Transfer in Mn-Doped Cesium Lead Halide Perovskite Nanocrystals[J]. Nano Letter, 2016, 16(12): 7376-7380.

[43] Huiwen Liu, Zhennan Wu, Jieren Shao, et al. $CsPb_xMn_{1-x}Cl_3$ Perovskite Quantum Dots with High Mn Substitution Ratio[J]. ACS Nano, 2017, 11(2): 2239-2247.

[44] Paduan Filho A, Gratens X, Bindilatti V, et al. Magnetization steps in the diluted Heisenberg layer materials (CH_3NH_3)$_2$Mn$_x$Cd$_{1-x}$Cl$_4$: Equilibrium data at 0.6 K[J]. Physical Review B, 2005, 72: 064415.

[45] Achiwa N, Matsuyama T, Yoshinari T, et al. Weak ferromagnetism of the layered perovskite ($C_nH_{2n+1}NH_3$)$_2$MnCl$_4$($n = 1, 2, 3$)[J]. Phase Transitions, 1990, 28(1-4): 79-97.

[46] Alexandros Lappas, Andrej Zorko, Etienne Wortham, et al. Low-Energy Magnetic Excitations and Morphology in Layered Hybrid Perovskite-Poly(dimethylsiloxane) Nanocomposites[J]. Chemical of Materials, 2005(17): 1190-1207.

[47] Paduan Filho A, Becerra C C. Magnetic properties and critical behavior of the pure and diluted two-dimensional weak ferromagnet (CH_3NH_3)$_2$Mn$_{1-x}$Cd$_x$Cl$_4$[J]. Journal of Applied Physics, 2002, 91(10): 8249-8250.

[48] Ai-yuan Hu, Qin Wang. The magnetic order of two-dimensional anisotropic antiferromagnets[J]. Solid State Communications, 2011, 151(2): 102-106.

[49] Ran Lim Ae, Wan Kim Seung, Lak Joo Yong. Structural phase transitions and ferroelastic properties of

perovskite-type layered (CH₃NH₃)₂CdCl₄[J]. Journal of Applied Physics, 2017, 121(21): 215501.

[50] Ran Lim Ae. Tetragonal-orthorhombic-tetragonal phase transitions in organic-inorganic perovskite-type (CH₃NH₃)₂MnCl₄[J]. Solid State Communications, 2017, (267): 18-22.

[51] Arend H, Hofmann R, Waldner F. New phase transition in (CₙH₂ₙ₊₁NH₃)₂MnCl₄[J]. Solid State Communications, 1973, 13(10): 1629-1632.

[52] Lehner N, Strobel K, Geick R, et al. Lattice dynamics in perovskite-type layer structures. FIR studies of (CH₃NH₃)₂MnCl₄ and (CH₃NH₃)₂FeCl₄[J]. Journal of Physics C: Solid State Physics, 1975, 8(23): 4096.

[53] Mikko M Hänninen, Juha Välivaara, Antonio J Mota, et al. Ferromagnetic Dinuclear Mixed-Valence Mn (Ⅱ)/Mn(Ⅲ) Complexes: Building Blocks for the Higher Nuclearity Complexes. Structure, Magnetic Properties, and Density Functional Theory Calculations [J]. Inorganic Chemistry, 2013, 52(4): 2228-2241.

[54] Anne H Arkenbout, Takafumi Uemura, Jun Takeya, et al. Charge-transfer induced surface conductivity for a copper based inorganic-organic hybrid[J]. Applied Physics Letter, 2009, 95(17): 173104.

[55] Kind R. Structural phase transitions in perovskite layer structures[J]. Ferroelectrics, 1980, 24(1): 81-88.

[56] David B Mitzi, Cherie R Kagan, Konstantinos Chondroudis. Design, structure, and optical properties of organic-inorganic perovskites containing an oligothiophene chromophore[J]. Inorganic Chemistry: A Research Journal that Includes Bioinorganic, Catalytic, Organometallic, Solid-State, and Synthetic Chemistry and Reaction Dynamics, 2000, 38(26): 6246-6256.

[57] Lignou F. Low Temperature Luminescence Spectra of the Antiferromagnetic Complexes (CH₃NH₃)₂MnCl₄ and (C₂H₅NH₃)₂MnCl₄[J]. Berichte der Bunsengesellschaft für physikalische Chemie, 1979, 83(3): 276-280.

[58] Kambli U, Güdel H U. Optical absorption and luminescence studies of antiferromagnetic RbMnCl₃ and CsMnCl₃[J]. Journal of Physics C: Solid State Physics, 1984, 17: 4041-4045.

[59] Nataf L, Rodríguez F, Valiente R, et al. Spectroscopic and luminescence properties of (CH₃)₄NMnCl₃: a sensitive Mn²⁺-based pressure gauge[J]. High Pressure Research, 2009, 29(4): 653-659.

[60] Rodríguez-Lazcano Y, Nataf L, Rodríguez F. Electronic structure and luminescence of [(CH₃)₄N]₂MnX₄(X = Cl, Br) crystals at high pressures by time-resolved spectroscopy: Pressure effects on the Mn-Mn exchange coupling[J]. Physical Review B, 2009, 80(8): 085115.

[61] Xianwei Bai, Haizheng Zhong, Bingkun Chen, et al. Pyridine-Modulated Mn Ion Emission Properties of C₁₀H₁₂N₂MnBr₄ and C₅H₆NMnBr₃ Single Crystals[J]. The Journal of Physical Chemistry C, 2018, 122 (5): 3130-3137.

[62] Ignacio Hernandez, Fernando Rodrıguez. Intrinsic and extrinsic photoluminescence in the NH₄MnCl₃ cubic perovskite: a spectroscopic study [J]. Journal of Physics. Condensed Matter. 2013, 15(13): 2183-2195.

[63] Buyanova I A, Izadifard M, Chen W M, et al. Hydrogen-induced improvements in optical quality of Ga-NAs alloys[J]. Applied Physics Letters, 2003, 82(21): 3662-3664.

［64］ Hagiwara M, Katsumata K, Yamaguchi H, et al. A complete frequency-field chart for the antiferromagnetic resonance in MnF_2［J］. International Journal of Infrared and Millimeter Wave, 1999, 20（4）: 617-622.

［65］ Protesescu L, Yakunin Sergii, Bodnarchuk Maryna I, et al. Nanocrystals of Cesium Lead Halide Perovskites（$CsPbX_3$, X = Cl, Br and I）: Novel Optoelectronic Materials Showing Bright Emission with Wide Color Gamut［J］. Nano Letter, 2015, 15（6）: 3692-3696.

［66］ Jizhong Song, Jianhai Li, Xiaoming Li, et al. Quantum Dot Light-Emitting Diodes Based on Inorganic Perovskite Cesium Lead Halides（$CsPbX_3$）［J］. Advanced Materials（Deerfield Beach, Fla. ）, 2015, 27（44）: 7162-7167.

［67］ Benjamin T Diroll, Georgian Nedelcu, Maksym V Kovalenko, et al. High-Temperature Photoluminescence of $CsPbX_3$（X = Cl, Br, I）Nanocrystals［J］. Advanced Functional Materials, 2017, 27（21）: 1606750.

［68］ Wenyong Liu, Qianglu Lin, Hongbo Li, et al. Mn^{2+} Doped Lead Halide Perovskite Nanocrystals with Dual-Color emission Controlled by Halide Content［J］. Journal of the American Chemical Society, 2016, 138（45）: 14954-14961.

［69］ Huiwen Liu, Zhennan Wu, Jieren Shao, et al. $CsPb_xMn_{1-x}Cl_3$ Perovskite Quantum Dots with High Mn Substitution Ratio［J］. ACS nano, 2017, 11（2）: 2239-2247.

［70］ Meiling He, Yinzi Cheng, Rongrong Yuan, et al. Mn-Doped cesium lead halide perovskite nanocrystals with dual-color emission for WLED［J］. Dyes and Pigments, 2018（152）: 146-154.

［71］ Pengchao Wang, Bohua Dong, Zhenjie Cui, et al. Synthesis and characterization of Mn-doped CsPb（Cl/Br）$_3$ perovskite nanocrystals with controllable dual-color emission［J］. RSC Advances, 2018, 8（4）: 1940-1947.

［72］ Parobek David, Dong Yitong, Qiao Tian, et al. Direct Hot-Injection Synthesis of Mn-Doped $CsPbBr_3$ Nanocrystals［J］. Chemistry of Materials, 2018, 30（9）: 2939-2944.

［73］ Shenghan Zou, Yongsheng Liu, Jianhai Li, et al. Stabilizing Cesium Lead Halide Perovskite Lattice through Mn（Ⅱ）substitution for Air-Stable Light-Emitting Diodes［J］. Journal of the American Chemical Society, 2017, 139（33）: 11443-11450.

［74］ Qian Wang, Xisheng Zhang, Zhiwen Jin, et al. Energy-Down-Shift $CsPbCl_3$:Mn Quantum Dots for Boosting the efficiency and Stability of Perovskite Solar Cells［J］. ACS Energy Letter, 2017, 2（7）: 1479-1486.

［75］ Parobek David, Roman Benjamin J, Dong Yitong, et al. Exciton-to-Dopant Energy Transfer in Mn-Doped Cesium Lead Halide Perovskite Nanocrystals［J］. Nano Letters, 2016, 16（12）: 7376-7380.

［76］ Wei Xu, Feiming Li, Fangyuan Lin, et al. Synthesis of $CsPbCl_3$-Mn Nanocrystals via Cation Exchange［J］. Advanced Optical Materials, 2017, 5（21）: 1700520.

［77］ Di Gao, Bo Qiao, Zheng Xu, et al. Postsynthetic, Reversible Cation Exchange between Pb^{2+} and Mn^{2+} in Cesium Lead Chloride Perovskite Nanocrystals［J］. Journal of Physics Chemistry C, 2017, 121（37）: 20387-20395.

［78］ Xi Yuan, Sihang Ji, De Siena Michael C, et al. Photoluminescence Temperature Dependence, Dynamics, and Quantum Efficiencies in Mn^{2+}-Doped $CsPbCl_3$ Perovskite Nanocrystals with Varied Dopant Concentration[J]. Chemistry of Materials, 2017, 29(18): 8003-8011.

[79] Akimov I A, Godde T, Kavokin K V, et al. Dynamics of exciton magnetic polarons in CdMnSe/CdMgSe quantum wells: Effect of self-localization[J]. Physical Review B, 2017, 95(15): 155303.

[80] Rossi Daniel, Parobek David, Dong Yitong, et al. Dynamics of Exciton-Mn Energy Transfer in Mn-Doped $CsPbCl_3$ Perovskite Nanocrystals[J]. The Journal of Physical Chemistry C, 2017, 121(32): 17143-17149.

[81] Rémi Beaulac, Paul I Archer, Stefan T Ochsenbein, et al. Mn^{2+}-Doped CdSe Quantum Dots: New Inorganic Materials for Spin-Electronics and Spin-Photonics$^+$[J]. Advanced Functional Materials, 2008, 18 (24): 3873-3891.

[82] Guria Amit K, Dutta Sumit K, Adhikari Samrat Das, et al. Doping Mn^{2+} in Lead Halide Perovskite Nanocrystals: Successes and Challenges[J]. ACS Energy Letters, 2017, 2(5): 1014-1021.

[83] Hsiang-Yun Chen, Dong Hee Son. Energy and Charge Transfer Dynamics in Doped Semiconductor Nanocrystals[J]. Israel Journal of Chemistry, 2012, 52(11-12): 1016-1026.

[84] Hsiang-Yun Chen, Maiti Sourav, Son Dong Hee, et al. Doping Location-Dependent Energy Transfer Dynamics in Mn-Doped CdS/ZnS Nanocrystals[J]. ACS nano, 2012, 6(1): 583-591.

[85] Pankove J I, Kiewit D A. Optical Processes in Semiconductors[J]. Journal of The Electrochemical Society, 1972, 119(5): 2404256.

[86] Honghua Fang, Feng Wang, Sampson Adjokatse, et al. Photoexcitation dynamics in solution-processed formamidinium lead iodide perovskite thin films for solar cell applications[J]. Light: Science & Applications, 2016(5): e16056.

[87] Kosai K, Fitzpatrick B J, Grimmeiss H G, et al. Shallow Acceptors and p-type ZnSe[J]. Applied Physical Letters, 1979(35): 194-196.

[88] Hidaka M, Okamoto Y, Zikumaru Y, et al. Structural Phase Transition of $CsPbCl_3$ below Room Temperature[J]. Physica status solidi (a), 1983, 79(1): 263-269.

[89] Rinku Saran, Amelie Heuer-Jungemann, Antonios G Kanaras, et al. Giant Bandgap Renormalization and Exciton-Phonon Scattering in Perovskite Nanocrystals[J]. Advanced Optical Materials, 2017, 5 (17): 1700231.

[90] Reinecke T L. Temperature-dependent exciton linewidths in semiconductor quantum wells[J]. Physical Review B, 1989, 41(5): 3017-3027.

[91] Holloway W, Kestigian M, Newman R, et al. Anomalous shifts in the fluorescence of MnF_2 and $KMnF_3$ [J]. Physical Review Letters, 1963, 11: 82-84.

[92] Henderson B, Imbusch G F. Optical Spectroscopy of Inorganic Solids[M]. Oxford: Oxford University Press, 2006.

[93] Jinlei Yao, Zhenxing Wang, Johan van Tol, et al. Site Preference of Manganese on the Copper Site in Mn-Substituted $CuInSe_2$ Chalcopyrites Revealed by a Combined Neutron and X-ray Powder Diffraction Study[J]. Chemistry of Materials: A Publication of the American Chemistry Society, 2010, 22(5): 1647-1655.

［94］Archer Paul I, Santangelo Steven A, Gamelin Daniel R. Direct Observation of sp-d Exchange Interactions in Colloidal Mn^{2+} and Co^{2+} Doped CdSe Quantum Dots［J］. Nano Letters, 2007, 7(4): 1037-1043.

［95］Igarashi T, Ihara M, Kusunoki T, et al. Characterization of Mn^{2+} coordination states in ZnS nanocrystal by EPR spectroscopy and related photoluminescence properties［J］. Journal of nanoparticle research: An interdisciplinary forum for nanoscale science and technology, 2001, 3(1): 51-56.

［96］Lee S, Dobrowolska M, Furdyna J K. Effect of spin-dependent Mn^{2+} internal transitions in CdSe/ $Zn_{1-x}Mn_x^S$ e magnetic semiconductor quantum dot systems［J］. Physical Review B, 2005, 72 (7): 075302.

［97］Sarkar I, Sanyal M K, Takeyama S, et al. Suppression of Mn photoluminescence in ferromagnetic state of Mn-doped ZnS nanocrystals［J］. Physical review, B. Condensed matter and materials physics, 2009, 79 (5): 054410.

［98］Boping Yang, Qing Zhao, Jiayu Zhang, et al. Temperature dependence of properties of Mn-doped nanocrystals with different binding symmetry［J］. Chemical Physics Letters, 2016(645): 192-194.

［99］MacKay J F, Becker W M, Spaek J, et al. Temperature and magnetic-field dependence of the Mn^{2+4} $T_1(4G) \rightarrow ^6A_1(6S)$ photoluminescence band in $Zn_{0.5}Mn_{0.5}Se$［J］. Physical Review B Condens Matter, 1990, 42(3): 1743-1749.

［100］Heidi D Nelson, Liam R Bradshaw, Charles J Barrows, et al. Picosecond dynamics of excitonic magnetic polarons in colloidal diffusion-doped $Cd_{1-x}Mn_x$Se quantum dots［J］. ACS Nano, 2015, 9(11): 11177-11191.

［101］Takanori Okada, Tadashi Itoh. Polaron-induced anti-Stokes photoluminescence under selective excitation in diluted magnetic semiconductors［J］. Physical Review B, 2011, 83(15): 155211.

［102］Wang Feng, Han Yu, Lim Chin Seong, et al. Simultaneous phase and size control of upconversion nanocrystals through lanthanide doping［J］. Nature, 2010, 463(7284): 1061-1065.

［103］Zhao Jiangbo, Jin Dayong, Schartner Erik P, et al. Single-nanocrystal sensitivity achieved by enhanced upconversion luminescence［J］. Nature Nanotechnology, 2013, 8(10): 729-734.

［104］Dong Bin, Cao Baosheng, He Yangyang, et al. Temperature sensing and in vivo imaging by molybdenum sensitized visible upconversion luminescence of rare-earth oxides［J］. Advanced materials (Deerfield Beach, Fla.), 2012, 24(15): 1987-1993.

［105］Huang X Y, Han S Y, Huang W, et al. Enhancing solar cell efficiency: the search for luminescent materials as spectral converters［J］. Chemical Society Review, 2013, 42(1): 173-201.

［106］Escribano P, Julián-López B, Planelles-Aragó J, et al. Photonic and nanobiophotonic properties of luminescent lanthanide-doped hybrid organicâ inorganic materials［J］. Journal of Materials Chemistry, 2008, 18(1): 23-40.

［107］Xiaofang J, Jing L, Erkang W. One-pot green synthesis of optically pH-sensitive carbon dots with upconversion luminescence. ［J］. Nanoscale, 2012, 4(18): 5572-5575.

［108］Gruber J B, Valiev U V, Burdick G W, et al. Spectra, energy levels, and symmetry assignments for Stark components of $Eu^{3+}(4f^6)$ in gadolinium gallium garnet $(Gd_3Ga_5O_{12})$［J］. Journal of Luminescence, 2011, 131(9): 1945-1952.

［109］ Gong S Y, M Li, Ren Z H,et al. Polarization-Modified Upconversion Luminescence in Er-Doped Single-Crystal Perovskite PbTiO$_3$ Nanofibers［J］. The journal of physical chemistry, C. Nanomaterials and interfaces, 2015, 119(30): 17326-17333.

［110］ Chen P, Jia H, Zhong Z,et al. Magnetic field modulated upconversion luminescence in NaYF$_4$: Yb, Er nanoparticles［J］. Journal of Materials Chemistry, C. materials for optical and electronic devices, 2015, 3(34): 8794-8798.

［111］ Ogiegło Joanna M, Katelnikovas Arturas, Zych Aleksander, et al. Luminescence and luminescence quenching in Gd$_3$(Ga, Al)$_5$O$_{12}$ scintillators doped with Ce^{3+}［J］. The journal of physical chemistry. A, 2013, 117(12): 2479-2484.

［112］ Yanhong Li, Guangyan Hong, Yongming Zhang, et al. Red and green upconversion luminescence of Gd$_2$O$_3$: Er^{3+}, Yb^{3+} nanoparticles［J］. Journal of Alloys and Compounds, 2007, 456(1): 247-250.

［113］ Cao J F, Zhang J, Li X W. Upconversion luminescence of Ba$_3$La(PO$_4$)$_3$: Yb^{3+}-Er^{3+}/Tm^{3+} phosphors for optimal temperature sensing［J］. Applied Optics, 2018, 57(6): 1345-1350.

［114］ Jinsheng Liao, Qi Wang, Liyun Kong, et al. Effect of Yb^{3+} concentration on tunable upconversion luminescence and optically temperature sensing behavior in Gd$_2$TiO$_5$: Yb^{3+}/Er^{3+} phosphors［J］. Optical Materials, 2018, 75: 841-849.

［115］ Ping C, Junpei Z, Beibei X, et al. Lanthanide doped nanoparticles as remote sensors for magnetic fields.［J］. Nanoscale, 2014, 6(19): 11002-11006.

［116］ Zong-Wei M, Jun-Pei Z, Xia W, et al. Magnetic field induced great photoluminescence enhancement in an Er^{3+}: YVO4 single crystal used for high magnetic field calibration.［J］. Optics letters, 2013, 38(19): 3754-3757.

［117］ Xu-dong W, S O W, J R M. Luminescent probes and sensors for temperature.［J］. Chemical Society reviews, 2013, 42(19): 7834-7869.

［118］ Dubey A, Soni A, Astha Kumari, et al. Enhanced green upconversion emission in NaYF$_4$: Er^{3+}/Yb^{3+}/Li$^+$ phosphors for optical thermometry［J］. Journal of Alloys and Compounds, 2017, 693: 194-200.

［119］ Yuanyuan Tian, Yue Tian, Ping Huang, et al. Effect of Yb^{3+} concentration on upconversion luminescence and temperature sensing behavior in Yb^{3+}/Er^{3+} co-doped YNbO$_4$ nanoparticles prepared via molten salt route［J］. Chemical Engineering Journal, 2016, 297(1): 26-34.

［120］ Hongyu Lu, Haoyue Hao, Haomiao Zhu, et al. Enhancing temperature sensing behavior of NaLuF$_4$: Yb^{3+}/Er^{3+} via incorporation of Mn^{2+} ions resulting in a closed energy transfer［J］. Journal of Alloys and Compound, 2017, 728(25): 971-975.

［121］ Dong B, Hua R N, Cao B S, et al. Size dependence of the upconverted luminescence of NaYF$_4$: Er, Yb microspheres for use in ratiometric thermometry［J］. Physical Chemistry Chemical Physics: PCCP, 2014, 16(37): 20009-20012.

［122］ Zhang J, Zhang Y Q, Jiang X M. Investigations on upconvertion luminescence of K$_3$Y(PO$_4$)$_2$: Yb^{3+}-Er^{3+}/Ho^{3+}/Tm^{3+} phosphors for optical temperature sensing［J］. Journal of Alloys and Compound, 2018, 748(5): 438-445.

［123］ Peng Y Z, Chen D Q, Zhong J S, et al. Lanthanide-doped KGd$_3$F$_{10}$ nanocrystals embedded glass ceramics: self-crystallization, optical properties and temperature sensing[J]. Journal of Alloys and Compound, 2018(767): 682-689.

[124] Grishin A M, Khartsev S I. Highly luminescent garnets for magneto-optical photonic crystals[J]. Applied Physics Letters, 2009, 95(10): 102503.

[125] Plucinski K J, Brik M G. Photoinduced features of $Y_3Fe_5O_{12}$ nanocrystalline films[J]. Physics E: Low-dimensional Systems and Nanostructures, 2011, 44(2): 435-439.

[126] Krastev P, Gunnlaugsson H P, K Nomura, et al. ^{57}Fe Emission Mössbauer Study on $Gd_3Ga_5O_{12}$ implanted with dilute ^{57}Mn[J]. Hyperfine Interactions, 2016, 237:1-6.

[127] Singh Vijay, Sivaramaiah G, Singh N, et al. EPR and optical investigation of ultraviolet-emitting $Gd_3Ga_5O_{12}$ garnet[J]. Journal of Materials Science: Materials in Electronics, 2018, 29(2): 944-951.

[128] Tong Liping, Han Yibo, Zhang Kun, et al. Superexchange interaction contribution to the zeeman splitting of the intra-4f-shell luminescence band in $Gd_3Ga_4FeO_{12}$: Yb^{3+}, Er^{3+}[J]. Optical Materials Express, 2018, 8(11): 3338-3350.

[129] Tong Liping, Saito Katsuhiko, Guo Qixin, et al. Defect induced visible-light-activated near-infrared emissions in $Gd_{3-x-y-z}Yb_xBi_yEr_zGa_5O_{12}$[J]. Journal of Applied Physics, 2017, 122(17): 173103.

[130] Han Yibo, Ma Zongwei, Zhang Junpei, et al. Hidden local symmetry of Eu_{3+} in xenotime-like crystals revealed by high magnetic fields[J]. Journal of Applied Physics, 2015, 117(5): 055902.

[131] McMichael R D, Ritter J J, Shull R D. Enhanced magnetocaloric effect in $Gd_3Ga_{5-x}Fe_xO_{12}$[J]. Journal of Applied Physics, 1993, 73(10): 6946-6948.

[132] Haase M, Schafer H. Upconverting nanoparticles[J]. Angewandte Chemie International Edition, 2011, 50(26): 5808-5829.

[133] Wang F, Liu X G. Upconversion multicolor fine-tuning: visible to near-infrared emission from lanthanide-doped $NaYF_4$ nanoparticles [J]. Journal of American Chemistry Society, 2008, 130(17): 5642-5643.

[134] Joseyphus R J, Narayanasamy A, Sivakumar N, et al. Mechanochemical decomposition of $Gd_3Fe_5O_{12}$ garnet phase[J]. Journal of Magnetism and magnetic Materials, 2003, 272(P3): 2257-2259.

[135] Oudet X. The magnetic moment of $Ln_3Fe_5O_{12}$ garnets[J]. Journal of Magnetism and magnetic Materials, 2003, 272(P1): 562-564.

[136] Waerenborgh J C, Rojas D P, Shaula A L, et al. Defect formation in $Gd_3Fe_5O_{12}$-based garnets: a Mössbauer spectroscopy study[J]. Materials Letters, 2004, 58(27): 3432-3436.

[137] Huang S, Su K P, Wang H O, et al. High temperature dielectric response in $R_3Fe_5O_{12}$(R = Eu, Gd) ceramics[J]. Materials Chemistry and Physics, 2017, 197: 11-16.

[138] Lupei V, Elejalde M, Brenier A, et al. Spectroscopic properties of Fe^{3+} in GGG and the effect of co-doping with rare-earth ions[J]. Journal De Physique IV, 1994, 4: 329-332.

[139] Zheng K Z, Song W Y, He G H, et al. Five-photon UV upconversion emissions of Er^{3+} for temperature sensing[J]. Optics Express, 2015, 23(6): 7653-7658.

[140] Lojpur V, Nikolic G, Dramicanin M D. Luminescence thermometry below room temperature via up-conversion emission of Y_2O_3: Yb^{3+}, Er^{3+} nanophosphors[J]. Journal of Applied Physics, 2014, 115

(20): 203106.

[141] Brandao-Silva A C, Gomes M A, Novais S M V, et al. Size influence on temperature sensing of erbium-doped yttrium oxide nanocrystals exploiting thermally coupled and uncoupled levels´ pairs[J]. Journal of Alloys and Compounds, 2018(731): 478-488.

[142] Singh B P, Parchur A K, Ningthoujam R S, et al. Enhanced up-conversion and temperature-sensing behaviour of Er^{3+} and Yb^{3+} co-doped $Y_2Ti_2O_7$ by incorporation of Li^+ ions[J]. Physical Chemistry Chemical Physics, 2014, 16(41): 22665-22676.

[143] Feng Z H, Lin L, Wang Z Z, et al. Low temperature sensing behavior of upconversion luminescence in Er^{3+}/Yb^{3+} codoped PLZT transparent ceramic[J]. Optics Communications, 2017(399): 40-44.

[144] Zheng S H, Chen W B, Tan D Z, et al. Lanthanide-doped NaGdF4 core-shell nanoparticles for non-contact self-referencing temperature sensors[J]. Nanoscale, 2014, 6(11): 5675.